초보 엄마 숨통 터지는

유모차여행

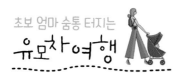

초보 엄마 숨통 터지는
유모차여행

초판 1쇄 인쇄 2016년 6월 10일
초판 1쇄 발행 2016년 6월 15일

지은이 연유진, 이수민
그린이 방상호
사진 제공 씨제이푸드빌(N서울타워), 서울경제신문(화담숲), LG생활건강(제품), 세피앙(제품)

펴낸이 김명희
편집부장 이정은
편집 차정민, 이선아
디자인 방상호
마케팅 홍성우, 이가은, 김정혜, 김화영
관리 최우리
펴낸곳 다봄
등록 2011년 1월 15일 제395-2011-000104호
주소 경기도 고양시 덕양구 고양대로 1384번길 35
전화 031-969-3073
팩스 02-393-3858
전자우편 dabombook@hanmail.net

ⓒ 연유진, 이수민

ISBN 979-11-85018-37-9 13590

이 도서의 국립중앙도서관 출판예정도서목록(CIP)은 서지정보유통지원시스템 홈페이지(http://seoji.nl.go.kr)와
국가자료공동목록시스템(http://www.nl.go.kr/kolisnet)에서 이용하실 수 있습니다.(CIP제어번호: CIP2016012442)

초보 엄마 숨통 터지는

유모차여행

연유진, 이수민 지음

다봄

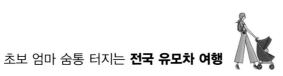

초보 엄마 숨통 터지는 **전국 유모차 여행**

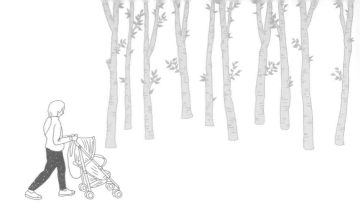

부모 되기, 준비해 본 적 있어요?

'하늘의 축복'인 아기가 찾아왔다는 이야기를 처음 접했을 때만 해도 '엄마'라는 단어가 지닌 무게를 가늠조차 하지 못했다. 배가 불러 오자 아기를 낳는 순간에 대한 공포가 그 어떤 생각보다 강해졌다. 막달에는 몸을 움직이는 것조차 불편한 상태에서 매일 출근해야 하는 버거움에 짓눌렸다.

그러다 보니 '출산 준비'에 비해 '엄마 준비'는 상대적으로 소홀했다. 예비부모 교실에서도 분만 직전과 직후에 해야 할 일만 언급할 뿐, 부모가 되기 위해 마음의 준비가 필요하다는 사실을 따로 알려 주지는 않았다. 정규 교육과정도 한 생명의 잉태와 출산에 대해 생물학적인 지식을 알려 주는 데 머물렀기에 별 도움이 되지 못했다.

아이가 태어나자 '나도 무사히 해냈다.'는 성취감과 '내 아이가 생겼다.'는 행복이 강렬하게 느껴졌다. 하지만 그것도 잠시, 갑자기 엄마가 된 우리는 조그만 생명체를 어떻게 안아야 할지, 언제 기저귀를 갈고 먹을 것을 줘야 할지 몰랐다. 게다가 친정이나 시댁의 도움을 받기 어려운 '독박 육아'를 하다 보니 도움을 기대할 곳도 없었다.

외딴 섬에 갇히다

숱한 시행착오 속에서 초보 엄마의 육아는 산고보다 힘겨웠다. 출산으로 진이 다 빠진 몸을 제대로 추스르지 못한 상황에서 한두 시간마다 깨는 아이를 챙기느라 잠이 부족했다. 아이 보는 것이 능숙하지 않은 탓에 스스로 끼니도 제대로 챙겨 먹기 어려웠다.

몸이 감내해야 하는 고통이 전부라면 오히려 쉽게 극복할 수 있었을지 모른다. 육아의 진짜 고통은 다른 곳에 있었다.

외로움. 아이를 재우고 절간처럼 조용해진 집에서 조심스레 집안일을 하다 보면 '어른과의 대화'가 절실했다. 막대한 책임감은 또 어떤가. '엄마'라는 호칭에 익숙해지기도 전에 아이에 대한 모든 것을 알아야 했고, 또 책임져야 했다.

아기의 분리불안이 심해지면서 답답함도 초보 엄마를 짓눌렀다. 아이와 떨어질 수 없어 영화 한 편, 커피 한 잔 즐기는 게 사치가 되어 버렸다. 도시 한복판에 살고 있지만 이 사회와 완벽하게 떨어진 어느 섬에서 살아가고 있는 듯했다.

이런 상황을 털어놓을 곳이 없다는 사실은 초보 엄마를 더욱 힘들게 했다. 주변을 붙잡고 '힘들다.'라고 해도 '다들 겪었다.', '옛날에는 더 힘들었다.'라는 대꾸가

7

돌아왔다. 이렇게 되면 마음의 상처는 더 깊어진다. 병원에서 진단만 받지 않았을 뿐이지 산후우울증이라고 볼 수 있는 나날들이 이어졌다.

나가자, 밖으로

엄마가 불안하고 힘들면 아이도 제대로 클 수 없다고 하지 않던가. 엄마가 '신'이자 '세상의 전부'인 아기를 위해서는 '나'부터 굳건히 서 있어야 했다. 그래서 우리는 밖으로 나가기로 했다.

아기와 집 밖을 나가면서 우리는 머릿속에 가득한 우울한 생각을 털어 낼 수 있게 되었다.

물론 짐도 많고 귀찮은 일이 한두 가지가 아니었지만, 세상과 소통하며 무거운 마음의 짐을 덜 수 있었다. 물론 아기도 새로운 자극을 받으며 엄마와 함께 성장했다. 그런 의미에서 여행은 우리에게 큰 선물이었다.

지금 이 시간에도 '엄마'라는 호칭이 주는 묵직함에 짓눌려 괴로워하는 사람들이

많을 것이다. 이 책이 초보 엄마들이 알을 깨고 집 밖으로 나와 아이와 행복을 되찾는 데 조금이나마 도움을 줬으면 좋겠다.

2016. 5.

연유진, 이수민

일과 육아, 두 마리 토끼를 잡으려 고군분투하다 보니 15년간 쌓아온 덕후의 본성과 멀어지고 있는 30대 워킹맘. '역마살'이 있는 사주 덕분인지 남미를 제외한 6대주를 한 번씩 밟아 보았다. 휴직하고 아이와 함께 서울 곳곳을 쏘다녔다.

봄에 태어난 남자아기. 생후 11개월까지는 밤잠과 거리가 멀었지만 돌이 지나자 졸리면 침대에 드러눕는 순한 아이가 되었다. 엄마가 유모차를 꺼내면 반색하며 문을 가리키고, 집 밖에 나가 꽃과 짹짹이 구경하는 게 제일 신나는 아기.

초보 엄마 숨통 터지는

서울 유모차 여행

서초 길마중길

출산 후 '탈출'을 꿈꾸다

　흔히들 임신과 출산은 '기다림의 시간'이라고 말한다. 열 달이라는 기간을 무사히 잘 보내야 사랑스러운 아이와 마주할 수 있기 때문에 그럴 것이다. 누구에게나 이 기다림은 힘들겠지만, 조산기로 고생했던 나로서는 절대적으로 공감할 수 있는 이야기이다.

　임신 7개월 즈음하여 휴일 근무를 나간 어느 날 갑자기 배가 심하게 당기는 바람에 근처 응급실을 찾았다. 간단한 치료를 받았지만 가진통은 점차 강하게, 주기적으로 찾아왔다. 의사는 "진진통으로 넘어가면 곧 아기가 나올 거예요. 절대적으로 안정해야 합니다."라며 입원을 권유했고 결국 보

름 남짓 병실에 갇혀 있어야 했다.

　매일 아기 몸무게를 초음파로 측정하면서 하루하루를 버티는 나날이 이어졌다. 침대에서 화장실까지 가는 길만이 몸을 움직일 수 있는 범위였다. 하루에도 강남, 강북을 여러 차례 돌아다니며 일하던 나로서는 내 몸을 마음대로 할 수 없는 상황에 답답증이 최고조에 달할 수밖에 없었다. 아기가 커지고 양수가 불어나면서 움직임이 둔해진 것만으로도 불만이었는데 이젠 아예 외출조차 하지 말라니. 매일 저녁 침대 옆 창문으로 길을 지나는 사람들을 넋 놓고 바라보다 눈물짓는 일이 일상이었다.

　다행히 일을 쉬면서 몸도 마음도 호전되어 퇴원이 가능해졌다. 하지만 되도록 집에 가만히 있으라는 지시에 또다시 실내에 틀어박힌 생활이 이어졌다. 병원에 있을 때보다는 한결 편했지만 여전히 바깥세상과 유리된 상태였다. 갑갑한 마음을 달래 가며 무사히 아이를 낳고 나자 '바깥을 구경하고 싶다.'는 생각이 그 어느 때보다 강렬해졌다.

　하지만 출산 후 첫 외출은 쉽지 않다. 3월 중순에 아이를 낳았지만 병원에서 조리원으로, 조리원에서 다시 집으로 이동한 것을 제외하면 딱히

움직임이 없었다. 변덕이 심한 봄 날씨 탓도 있었지만 육아에 적응하다 보니 나갈 짬이 나지 않았다는 이유가 제일 컸다. 또 주변에서 '아직 뼈가 덜 붙은 산모가 밖으로 나다니면 나중에 산후풍이 온다.'며 겁을 줘서 외출은 차일피일 미뤄졌다.

그러다가 출산 후 한 달쯤 지난 어느 날, 아기 옷을 널다 집 발코니 창문으로 둥둥 떠다니는 민들레 꽃씨를 보고 더 이상은 참을 수 없다는 결론을 내렸다. 때마침 잠에서 깬 아이를 데리고 기저귀와 물티슈, 액상 분유만 대

초보 엄마 숨통 터지는 유모차 여행

서초 길마중길

충 챙겨 가방에 넣고 길을 나섰다. 모유 수유를 하던 중이었지만 혹시라도 수유하기 어려운 장소를 가게 된다면 쓸 생각에 액상 분유를 구입해 놓은 터였다.

집에 갇혀 있던 내 다리는 아스팔트에 쉽게 적응하지 못했다. 출산 후 40여 일 만에 근육이 죄다 사라졌는지 약간의 오르막만 올라가도 심하게 뻐근했고 품에 안은 아기는 조그마했지만 떨어뜨릴까 겁이 났다. 우선은 아파트 단지 옆 놀이터로 향했다. 흙과 나무가 보이는 곳을 원했지만 요즘 아이들은 중금속투성이인 흙 대신 푹신한 우레탄폼을 밟으며 놀고 있었다. 아쉬운 마음에 돌아가려는데 그 옆 샛길이 눈에 띄었다. 고속도로 바로 옆으로 나무를 촘촘하게 심어 두고 그 사이에 산책로를 만들어 놓은 것이었다.

한강부터 청계산까지 이어진 녹색길

반가운 마음에 다가섰지만 돌계단이 층층이 놓여 있어 조심해야 했다. 하마터면 앞으로 고꾸라질 뻔하기도 했다. 그래도 얼마 만에 밟아 보는 흙인지, 너무나도 기뻤다. 이 길은 경부고속도로 옆 부지를 새롭게 단장해 만든 '길마중길'로, 서초IC(양재동)부터 신사역 굴다리(신사동)까지 걸어서 갈 수 있는 산책로다. 예전에는 어두컴컴하고 구간별로 끊겨져 있었지만, 구간을 잇는 다리(길마중교)를 만들고 조명을 추가하는 등 정비 작업을 거치며 이용이 쉬워졌다. 이날도 평일 낮이었는데도 점심 식사를 마치고 동료들과 걷는 직장인은 물론 근처 주민들이 강아지를 데리고 나와 산책하는 모습이

초보 엄마 숨통 터지는 유모차 여행

눈에 자주 띄었다.

　품에 안긴 아이는 나무 사이를 돌아다니며 짹짹거리는 참새에 반응을 보였다. 아직 몸을 제 뜻대로 움직일 수 없는 상황이었지만 소리가 들리는 방향으로 고개를 돌리려는 듯한 모습에 외출이 더욱 즐거워졌다. 아이에게 새로운 자극을 줄 수 있다는 것만으로도 만족스러웠다. '멍멍' 하는 강아지 소리와 주변을 스쳐 지나가는 이들의 목소리, 다리 밑으로 지나는 자동차 경적 소리 등 모두 아이가 처음 접하는 소리였기에 발걸음을 천천히 옮기며 최대한 주변을 느낄 수 있게 해 주려 했다.

　산책로에 심어 놓은 나무는 상당히 키가 컸다. 아마도 고속도로를 만들

때부터 이곳에 자리한 녀석들이 아닐까 싶었다. 군데군데 벤치가 있어 쉬
었다 가기도 좋았다. 누구나 이용할 수 있는 운동기구가 놓인 공간도 있었
다. 특히 길마중2교에서 길마중3교 사이에는 큰 스포츠센터와 유치원이 있
어 아이가 갑자기 응아를 했을 때 잠시 들러서 급한 일을 해결할 수 있을
것 같았다. 지금은 이 부근에 용허리 근린공원이 생겨 화장실 이용이 편리
해졌지만. (그러나 기저귀 교환대나 수유실은 따로 없다.)

 계속해서 한강 쪽으로 발을 옮겼다. 주변에 대한 감상을 아이에게 속삭
여 주면서 걷는 일은 생각보다 행복했다. 가끔 아이가 신생아 특유의 '끙 이
잉 낑낑' 같은 소리를 내면 함박웃음을 터뜨리며 아이의 이마에 입을 맞춰
주었다. 흘끗 쳐다보는 사람도 있었지만, 각자 가던 길을 열심히 걷는 분위
기라 마음이 편했다. 엉겁결에 집 밖으로 나오다 보니 화장도 전혀 하지 않
은 맨 얼굴이었지만 '누가 보겠나.' 싶은 뻔뻔한 마음까지 들 정도였다. 조
용하고 좁은 숲길이 이어진 덕분에 도시 한복판을 걷고 있는 것이 맞나 하
는 생각도 들었다.

길마중길을 걷다 보면 대로 위를 지나는 연결 다리(길마중
교)들이 있다. 그중 길마중3교를 지날 때는 서초대로가 보
인다.

그러다 우리 모자 앞에 나타난 풍경은 살짝 놀라웠다. 길마중3교를 조금 지났을 때 6차선 대로를 쌩쌩 달리는 차들과 서로 키를 자랑하듯 높이 서 있는 빌딩의 숲이 보였기 때문이다. 아이를 낳고 수개월간 도회적인 풍경과 먼 삶을 살았기에 실로 오랜만에 마주한 회색빛 서울의 얼굴이었다. 서울은 여전히 빡빡했고 북적북적했다. 변함없는 모습을 확인하고는 다시 녹색길을 따라 걸었다.

다리가 살짝 아파오기에 벤치에 앉아 아이를 보니 어느덧 잠이 들었다. 발걸음에 흔들흔들, 엄마 자궁 속에 있을 때처럼 편히 자라고 띠에 달린 모자를 덮어 줬다. 아이에게 나무와 꽃 그리고 지나가는 강아지들에 대해 말할 수 있는 시간이 중단돼 아쉬운 마음이 컸지만 나만의 시간이 찾아왔다는 것은 무척 반가웠다.

천천히, 하지만 30분 남짓 걷다 보니 반포IC와 서초4동 주민센터가 있는 곳까지 왔다. 처음에 접어들었던 길마중길은 한두 사람이 지나가면 꽉 찰 정도로 좁았지만 이 부근은 무척 넓고 평탄한 길이 이어졌다. 고운 흙으로 이뤄진 길이었지만 오랜만에 움직인 탓인지 허리가 심하게 아팠다. 큰 도로를 건너 한강까지 가려던 목표를 접고, 집으로 돌아가기로 했다.

잠이 든 아이를 안고 왔던 길을 다시 돌아갈 생각을 하니 아찔해, 버스를 타고 돌아가기로 했다. 산책길을 빠져 나오며 간만의 외출을 기념하는 뜻에서 버블티도 한 잔 사 마셨다. 차가운 음료는 절대 먹지 말라는 산후 조리의 '금지 사항'을 보란 듯이 어기고 말이다. 지겨운 미역국도 이제 곧 안녕을 고하는 날이 찾아오겠지. 어서 그날이 오기를 빌고 또 빈다.

초보 엄마 숨통 터지는 유모차 여행

서초 길마중길

서울로 진입하는 경부고속도로의 서초IC에서 한강 근처 신사역 굴다리까지 이어지는 산책로로 총 길이는 4km다. 한강에서 청계산까지 잇는 녹색길로 오랜 기간 고속도로 옆 부지로 버려져 있던 길을 2013년 새롭게 단장해 주민들에게 공개했다.

서울 서초구를 수직으로 가르는 이 길은 빠른 걸음으로는 편도 45분, 느린 걸음으로는 65분 정도 걸린다. 아이와 함께 나섰다면 안내판에 적힌 '왕복 2시간 소요'는 무리일 수 있다.

거주 지역과 경부고속도로 사이의 공터(시 소유 부지)를 활용해 만든 산책로라 지대가 높다. 한강 공원에서 여행을 시작하는 상황이 아니라면 되도록 아기띠로 이동하는 것이 좋다. 특히 서초IC~길 마중2교까지 구간부터 진입할 계획이라면 유모차는 무조건 피해야 한다. 진입하는 길이 대부분 경사가 제법 높고, 돌계단으로 이뤄진 곳도 많다.

길마중 1, 2, 3교 유모차족을 위해서 만든 진입로는 코오롱스포렉스 뒤편(우정유치원)으로, 처음에 만든 길마중길이 좁아 확장한 부지를 거쳐 본 산책로에 들어올 수 있다. 서초4동 주민센터(KCC 사옥 주변) 방면에서 길마중길로 들어올 때는 인근 아파트 단지를 통하면 유모차 이용이 수월하다.

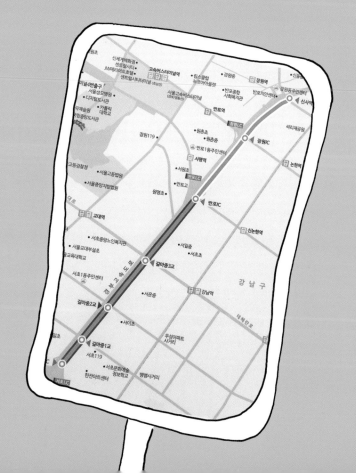

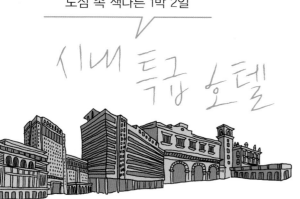

시내 특급 호텔

"외박하고 싶어! (물론 아이와 함께)"

　뻔한 일상에 감사하기 위해서는 작은 변화가 필요한 법이다. 아이가 잠이 들면 백일잔치를 고민하고 잠에서 깨어나면 놀아 주는, 아이 중심의 지극히 단조로운 생활을 이어 가다 보니 한두 시간의 짧은 외출만으로는 '답답증'이 쉬이 가라앉지 않았다. 결국 남편을 졸라 짧은 여행을 감행했다.

　생후 60일 밖에 안 된 아이와 함께 해야 하는 만큼 이동 거리가 멀지 않으면서도 그토록 그리워하던 '서울 시내'를 제대로 느낄 수 있는 곳이어야 한다는 것이 첫째 조건이었다. 그 다음 조건은 아이와 함께 편하게 식사를 할 수 있어야 한다는 점. 아이는 아직 허리를 가누지 못했기에 바운서나 유모차에 눕혀서 데리고 갈 수 있어야 했다. 또한 출산 후에 틀어진 골반이 아직 제자리로 돌아오지 못한 상황에서 혼자 아이를 데리고 가는 것은 무리라는 판단에 남편과 함께 가기로 했다.

이런저런 조건을 따져 결정한 곳은 강남 한복판에 있는 한 특급 호텔. 이 호텔에서 기획한 여러 상품 가운데 저녁이나 아침 중 한 번을 룸서비스로 즐길 수 있고 아이를 위한 동화책과 장난감을 제공하는 '키즈 패키지'가 마음에 들었기 때문이다. 객실에서 숙박만 하는 가격보다는 조금 비쌌지만 아이를 데리고 나가 정신없이 밥을 먹는 수고를 덜고, 아기 침대와 욕조 등 영·유아 맞춤 서비스를 활용할 수 있다는 점에서 선택했다. 남편은 호텔 시설인 수영장과 헬스클럽을 무료로 이용할 수 있다는 게 마음에 든 듯했다.

솔직히 좋은 호텔이 아닌 오래된 펜션이라도 기분이 좋았을 거다. 그저 차를 타고 집이 아닌 다른 곳으로 나갈 수만 있다 해도, 사람들이 북적대는 번화가를 눈으로 볼 수만 있다고 해도 행복했기 때문이다. 나도 저들 중 하나였던 적이 있었다는 사실을 완전히 잊기 전에 바깥바람을 쐬면 좋겠다는 것이 내 바람이었다.

후방 장착된 카시트에 아이를 태우고 안전벨트를 단단히 채운 다음 길을 떠났다. 카시트를 이용하지 않고 아이를 안고 탈 경우의 위험성에 대해서 귀에 못이 박히도록 들었기 때문에 아예 출산 준비물에 카시트를 포함시켜

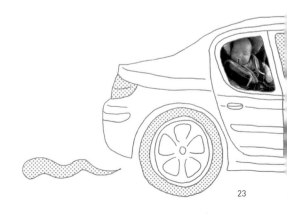

구입해 놓았었다. 출산 후 병원에서 조리원으로 이동할 때부터 사용한 카 시트였기에 안아 주지 않아도 아이는 편안하게 앉아서 밖을 내다보거나 옆에 앉은 나에게 장난을 쳤다.

그러나 우리 세 식구의 첫 여행은 체크인부터 꼬이기 시작했다. 차 트렁크는 세우면 어른 허벅지까지 올라오는 길이의 바운서와 1박 2일이라는 매우 짧은 여행 기간이 무색할 정도로 덩치가 큰 캐리어(대부분 아기 짐) 그리고 디럭스 유모차로 꽉 찼다. 차곡차곡 트렁크에 짐을 넣는 것만으로도 몇 십 분이 걸렸기에 하차는 두렵기까지 했다. 아이를 안고 이 많은 짐을 한 번에 내릴 수 있을까 싶은 생각이 들어 호텔 출입구의 직원에게 문의했더니 지하 주차장으로 가기 전에 짐들을 내려놓고 가는 건 어떻겠냐는 제안이 돌아왔다. 호텔 로비에서 짐을 들어 주시는 분이 어찌나 고맙던지. 아마 아이

초보 엄마 숨통 터지는 유모차 여행

와 짐을 함께 들쳐 업고 객실로 올라갔다간 여행을 시작하기도 전에 기력이 쇠해 쓰러졌을지도 모른다. (아이러니하게도 캐리어에 담아 갔던 짐의 절반도 채 쓰지 못했다. 아이를 데리고 나가는 첫 여행이라 '혹시 쓸지도 모른다.'며 담은 짐이 너무 많았던 탓이다.)

짐을 푼 후 아기를 안고 호텔 수영장을 향했다. 이곳은 천장의 통유리 창으로 들어오는 햇살이 매우 아름답기로 유명하다. 또한 지대가 높은 곳에 위치한 호텔이기 때문에 집에 처박혀 있으면서 그토록 궁금해 했던 서울 시내를 제대로 볼 수 있었다. 난생 처음으로 수영장을 방문한 아이는 집에서 보지 못했던 새파란 하늘과 살짝 습기 찬 실내 공기가 신기한지 고개를 이리저리 돌려 가며 구경을 시작했다. 원래는 남편과 번갈아 가며 수영을 할 계획이었지만 출산 후 더욱 심해진 건망증 때문에 수영복을 챙겨오지 못한 나는 그저 물을 바라볼 수밖에 없었다. 설령 수영복을 가져왔더라도 출산 과정에서 생긴 상처가 신경 쓰여 오래 머물지는 못했을 테지만. 그래도 출렁대는 풀장의 물과 5월의 하늘을 여유롭게 눈 속에 담을 수 있다는 것이 감사하고 기쁘기만 했다.

따뜻한 수영장에서 한 시간쯤 보내다 수유 시간에 맞춰 서둘러 방으로 돌아왔다. 간만에 남편이 수유를 하겠다고 해서 집에서 가져온 액상 분유를 꺼냈다. 호텔에 구비된 전기 포트를 구석구석 닦을 자신은 없고 그냥 쓰자니 찜찜한 탓에 멸균 처리를 거친 액상 분유를 주는 게 좋을 거 같다는 생각에서였다. 남편은 가루 분유를 탈 때마다 '몇 스푼 넣는 거? 물은 얼마?' 물어보며 안절부절 못했지만 액상 분유로 주니 농도를 잘못 맞출 염려는 없겠다며 안심했다. 아이는 편안한 아빠 품에서 곧 잠이 들었다.

우리는 저녁식사를 패키지에 포함된 룸서비스로 선택했는데 호텔 직원

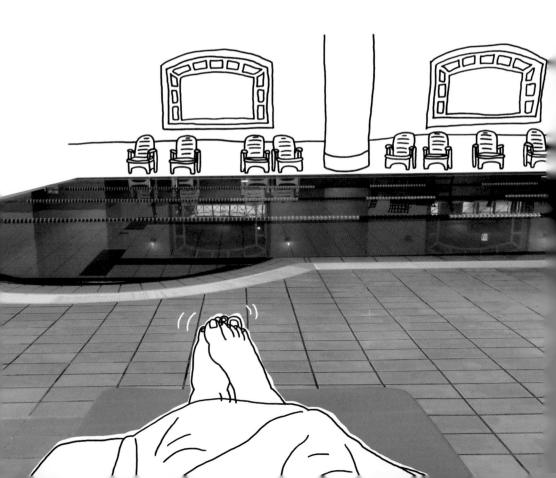

들이 객실에 와서 코발트빛 물잔이 포인트로 놓인 원형 테이블을 설치하고 그 위에 갓 튀긴 감자와 신선한 샌드위치, 훈제 연어와 고르곤졸라 피자, 초콜릿 퐁듀 등 입맛을 돋우는 다양한 요리를 차려 놓았다.

쌔근쌔근 곤히 자는 아이가 너무나도 고마워서인지, 매 끼니마다 '젖을 잘 만들기 위해' 싫어하는 미역국을 사발로 들이켜야 했던 날들이 떠올라서인지 식사 내내 웃음이 멈추지 않았다. 귀에 입이 걸린 채로 먹는 식사가 꿀맛임은 말할 것도 없다.

'산후 조리' 꼭 그래야 하나요?

아이를 낳아 본 사람이라면 잘 아는 이야기겠지만 우리나라 산후 조리는 정형화 되어 있다. 따뜻한 방에서 몸을 지지며 땀을 내야 하고 절대로 찬물을 마시거나 찬 공기를 쐬면 안 된다. 식사는 간이 세지 않은 미역국과 쌀밥을 위주로 하되 고기와 채소를 적당히 먹는다. 대신 밀가루나 매운 음식, 단것은 피해야 한다. 엄마가 먹는 것이 젖에 영향을 미치기 때문이라고 한다.

무엇보다 국을 많이 마셔야 젖이 잘 나온다는 어른들의 말씀은 '산후 조리교(敎)의 십계명'에 가까워서 생전 국을 찾아서 마시지 않았던 나로서는 매 끼니가 고역이었다. 미역국은 특히나 싫어하는 국. 하지만 어른들께서 끊임없이 '미역국 많이 먹었냐, 그거 먹어야 젖 불어난다.'고 말씀하시는 통에 감히 거부할 용기는 나지 않았다.

평소에 '먹기 위해 산다.'는 우스갯소리를 할 정도로 식사에서 얻는 기쁨이 컸기에 먹을 수 있는 음식이 제한된다는 스트레스는 상당했고, 그런 만큼 이날의 식사가 무척이나 행복했다.

배 속에 밀가루 음식을 집어넣는(?) 일은 '산모는 무조건 이래야 한다.' 또는 '산모는 이래서는 안 된다.'는 수많은 가르침에 대한 소심한 반항, 혹은 일탈이랄까. 어쩌면 우리 부부가 생후 60일밖에 안 된 아이를 데리고 집이 아닌 곳으로 여행을 떠난 것이 어떤 이들의 눈에는 말도 안 되는 일로 비춰질지 모르겠다.

하지만 이렇게라도 집이 아닌 곳에서, 내가 부산스레 차리고 치우지 않아도 되는 음식을 먹어 보고 싶었다. 아이는 너무나도 사랑스럽고 감사하지만 모두가 잠든 밤에도 1시간 30분마다 일어나 젖을 물려야 하는 내게 '아이 낳느라 고생했고, 앞으로 열심히 하자.'고 말하며 작은 선물을 주고 싶었다.

편안한 잠자리 덕분인지 아이도 크게 보채지 않아 이날의 일탈은 매우 성공적으로 매듭지어졌다. 다음에는 혼자서 아이와 함께 나가 보리라 마음 먹게 된 것도 이날의 첫 시도가 만족스러웠기 때문이 아니었을까 싶다.

따라나서기

아이와 함께 가기 좋은 호텔

아이와 함께 가는 호텔 숙박이라면 무엇보다 아이가 편하게 잠을 잘 수 있는 곳인지 확인하는 것이 중요하다. 아기 침대와 아기 욕조 등은 특급 호텔이라면 대부분 갖추고 있다. 그러나 대여를 위해서는 사전 예약은 필수다.

특히 아이와 함께 호텔 밖으로 나가기 어렵다면 객실 안에서 머무는 시간을 최대한 편하게 보낼 수 있도록 공기청정기를 대여하거나 아이 놀이방을 마련한 호텔에 묵는 것도 하나의 방법이다.

일부 서울 시내 특급 호텔에서는 매해 봄 시즌에 맞춰 키즈 패키지를 선보이고 있다. 키즈 패키지는 동화책을 증정하거나 키즈밀을 방으로 배달해 주는 등 아이에게 초점이 맞춰진 서비스가 특징이다.

2016년 3월 현재 서울 시내 특급 호텔 가운데 영·유아와 함께 호텔에 투숙하는 고객을 위한 상품을 내놓은 곳은 서울 신라호텔, 리츠칼튼 서울, 쉐라톤 그랜드 워커힐 서울 등이다.

서울 신라호텔의 '스위트 키즈 패키지'는 스위트 객실을 아이들이 안전하게 즐길 수 있는 놀이 공간(스위트 키즈룸)으로 꾸민 것이 특징이다. 키즈룸에는 주방 놀이와 미니 볼 풀장, 동화책을 읽을 수 있는 독서대 등이 마련돼 있다. 리츠칼튼은 아이와 특별한 시간을 보내고 싶은 부모를 위해 저녁이나 아침 한 끼를 객실로 서빙해 주는 '키즈 파티 패키지'를 운영 중이다. 아주 어린 아기라면 제공되는 식사가 해당 없겠지만, 아이가 여럿이라면 편리하게 이용할 수 있는 상품이다.

특급 호텔 외에 프레이저 플레이스 센트럴은 객실 구조가 아파트형으로 되어 있어 주방 시설을 이용할 수 있다. 전자레인지는 물론 기본적인 취사도구도 마련돼 있어 아이 이유식 문제를 해결하기 좋다. 이 호텔 2층에는 넓지는 않지만 아이들이 놀 수 있는 놀이방도 있다.

서울 근교에서는 롤링힐스 호텔이 아이와 함께 가기 좋은 곳으로 자주 거론된다. 아기 침대나 침대 가드를 빌려주는 기본적인 서비스는 물론이고 유모차 대여도 가능하다. 아이 전용 놀이방도 따로 있고 아이와 함께 수영장을 이용할 수도 있다.

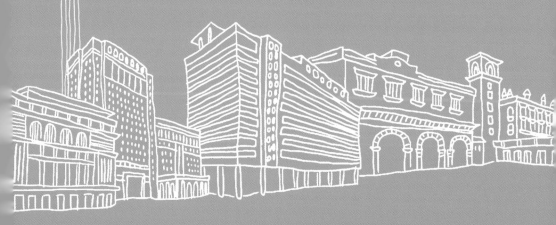

월드컵공원 (평화의 공원)

짧은 외출, 더 짧은 휴식. 그래도 좋아

뺨을 간질이는 따스한 바람, 보는 이의 시야를 훤하게 만들어 주는 푸른 잎사귀들 그리고 시원한 음료와 맛있는 먹을거리. 바로 소풍 하면 떠오르는 이미지들이다.

거창하게 떠나는 것이 아니더라도 봄은 집 앞 공원조차 소풍의 무대가 되기에 손색이 없는 계절인 듯하다. 때때로 바다 건너에서 불어온 황사 탓에 외출이 어렵기도 하지만 겨우내 숨죽이며 새로운 한 해를 기다렸던 많은 생명들이 기지개를 펴고 활발히 움직이는 시기이기에 아이의 손을 잡고 밖으로 나서기 딱 좋기 때문일 거다.

　'어서 나와.'라며 외출을 부추기는 봄 내음 앞에서 아이와 함께 살짝 먼 길을 나섰다. 차로 30분 정도 걸리는 마포구 상암동을 가기로 한 것. 우리 아이와 한 달 차이 나는 딸을 키우는 친구 집 근처에 아이와 함께 가면 좋은 공원이 있다고 해서 의기투합하게 됐다. 처음에는 집에서 그곳까지 버스나 지하철로 갈까 했지만 목도 제대로 못 가누는 아이를 데리고 그렇게 이동하는 것은 나에게도, 아이에게도 가혹한 일일 것 같아 과감히 포기했다. 대신 콜택시를 불러 길을 떠났다. 교통비가 아깝기는 했지만 육아라는 동일한 경험을 공유할 수 있는 상대가 너무도 그리웠기에 후회는 없었다.

다만 아이에 유모차, 간단한 짐까지 꽤나 번거로운 짐 옮기기 작업이 필요했다. 기사님께 유모차를 트렁크에 실어 달라 부탁하고 거듭 감사하다 말씀드렸다. 다행히 "우리 딸도 곧 아이를 낳는데 남 일 같지 않다."며 흔쾌히 짐을 실어 주셨다.

차에 올라타자마자 살짝 칭얼거리던 아이는 곧 잠이 들었다. 차에 타기만 하면 잠이 드는 아이를 보고 누군가는 '멀미를 하는 것'이라 하고 또 누군가는 '엄마 배 속에 있을 때처럼 적당한 진동이 느껴져서 편안한 것'이라고도 했다. 어느 쪽이 맞는지는 모르겠지만 기사님이 운전하는 데 방해가되지 않게 곤히 자는 아이가 무척이나 고마웠다.

친구가 사는 아파트 단지에 도착해서 다시 유모차를 꺼냈다. 아이를 안은 상태에서는 유모차를 꺼내기 힘들어서 염치 불고하고 기사님께 다시 부탁을 드렸다. 다행히 디럭스급 유모차치고는 부피를 줄이기 쉽고 웬만한 자동차 트렁크에 들어가는 크기여서 덜 민망했다.

유모차는 예비 부모들이 가장 신경 써서 고르는 육아용품이기도 한데, 가격도 비싸고 선택의 폭 역시 넓기 때문에 어떤 것을 살지 고민하는 경우가 많다. 나는 성격상 집 밖을 자주 돌아다닐 것 같아 신생아 때부터 태울 수 있는 제품으로 골랐고, 비싸게 주고 산 유모차(지금까지 아기를 위해 구입한 매우 다양한 제품 중에서 가장 비쌌다.) 본전(?) 생각하는 마음에 병원 검진 때나 집 근처 공원에 나설 때 틈만 나면 꺼내 든다. '비싼 유모차'와 '잦은 외출' 가운데 어느 것이 먼저인지는 확실치 않지만, 어릴 때부터 유모차에 태워 버릇해서 그런지 타는 것을 거부하거나 화내지 않는다. 천만다행이었다. 가끔 유모차에 엉덩이를 붙이는 것조차 싫어하는 아이들도 있다고 하니 말이다.

그렇게 백일 전후의 아기 둘과 30대 엄마 둘이 고대하던 소박한 소풍이 시작됐다. 상암 월드컵공원은 아파트 단지 샛길로 빠져나가면 걸어서 7분 거리라고 했다. 공원으로 가는 도중에 마실 것을 간단히 샀다. 시원한 아메리카노와 버블티. 친구나 나나 카페에서 커피 한잔 사 마시는 것도 오랜만의 일이라 구름처럼 두둥실 들떠 있었다. 남들에게는 평범한 일상일지 모르지만 집에만 머무는 우리에게는 이것만으로도 확실히 기분 전환이 되었다.

음료를 한두 모금 마시며 걸어가자 왼편으로 월드컵경기장이 보였다. 우리가 가려는 곳은 맞은편 평화의 공원. 데이트 장소로 유명한 하늘공원, 노을공원 등을 포함해 이 일대의 여러 공원을 묶어 월드컵공원이라고 한다는 것도 이날 처음 알았다. 경기장을 뒤로 하고 길을 건너자 마포농수산물시장 옆의 공원 주차장이 나왔다. 지금까지는 인도로 편하게 이동했지만 여기서부터 고난은 시작됐다. 유모차로 이동하는 것이 아예 불가능한 길은 아니었지만 때때로 유모차 바퀴보다 높은 턱과 부서지고 어긋난 보도블록은 어린 아기들을 태운 유모차의 앞을 막아 섰다. 낑낑, 끙끙. 자연스레 애 엄마다운 불평이 튀어나왔다.

"보도블록 하나 깔끔하게 못 까는 걸까. 하긴 어딜 가나 유모차는 쉽지 않더라."

"유모차도 이런 식이면 휠체어는 어떡하냐, 아예 밖에 나오지 말라는 거지. 그러니까 다들 백화점하고 쇼핑몰에만 가 있는 거 아냐. 유모차 끌기 편하고 수유실도 있고."

학창 시절에 잠시 살다 온 일본은 자전거로 이동하는 사람들이 많아서 그런지 유모차나 휠체어, 자전거 등 사람의 힘으로만 움직이는 탈것이 대접받는 느낌이었는데 우리나라는 여전히 자동차 중심의 도로 정책을 고수

하고 있다는 생각이 다시금 들었다. 2000년대 중반 이후 자전거 길이 우후
죽순처럼 이곳저곳에 만들어지긴 했지만, 그래도 여전히 사람의 힘으로만
가는 탈것은 '교통 약자'다.

　주차장에서부터 공원까지 가는 길은 상당히 어려운 코스였다. 친구 말로는
진입로까지 차로 온다면, 이 주차장 길을 다 걸을 필요가 없기 때문에 편할
거라고 했다. 하지만 이미 엎질러진 물, 그대로 직진하는 수밖에 없었다.

아기 엄마들끼리만 통하는 수다

　고되게 온 탓일까. 공원 안에서 유모차의 이동은 무척 수월했다. 또한 널
찍하게 조성된 잔디밭, 벤치 위에 드리워진 나무 그림자, 고요히 흐르는 강
물을 품은 난지연못 등은 무척 아름다웠다. 특히 한강물을 끌어와 만들었

다는 난지연못은 버드나무를 비롯한 여러 나무들이 울창해 눈이 시원해지는 느낌을 받을 수 있었다. 불어오는 바람에 나뭇잎이 흔들리고 강 위에 자신의 그림자를 드리우는 풍경은 다시 떠올려도 마음이 평화로워지는 힘을

지니고 있었다.

월드컵경기장을 등지고 연못을 바라볼 수 있는 넓은 광장(유니세프 광장)에는 사람들이 잠시 쉬어가기 좋은 벤치들이 많았다. 그중 하나를 택해 자리를 잡고, 집에서 가져온 스낵과 무알코올 맥주를 마시며 한낮의 일탈을 즐기기 시작했다. 15분 넘게 유모차에 앉아 있던 아이들이 때마침 낮잠을 자기 시작한 덕분에 소풍은 한결 여유로웠다. 아이가 깨지 않게끔 발로 유모차를 흔들흔들 밀어 주면서 친구와 나누는 수다는 이따금씩 불어오는 강바람과 따스한 봄 햇살, 푸른 하늘에 자연스레 어우러져 그 어떤 사탕보다 달콤했다. 밤중 수유를 하느라 잠이 모자란다, 부탁하기 전에 육아와 가사를 도와주는 남편이면 좋겠다, 태열은 어떻게 하면 관리할 수 있냐 등, 생후 3~4개월의 아이를 키우는 엄마라면 공감할 수 있는 이야기들이 끊임없이 쏟아져 나왔다.

아이를 낳은 후 달라진 점은 바로 이거였다. 그전부터 친하게 지냈던 친구지만 미혼이거나 아이가 없는 친구에게는 꺼내기 어려운 이야기도 우리끼리는 편하게 대화 주제로 선택할 수 있고 세세한 설명이 없더라도 비슷한 경험이 있기 때문에 공감을 얻기도 쉬웠다. 또 육아의 여러 단계를 함께 거쳐 가면서 유용한 정보를 나눌 수도 있다는 점도 좋았다. 이렇듯 '아기 엄마'라는 공통점이 끈끈한 유대감을 만들기 때문에 이들의 커뮤니티가 온·오프라인에서 강력한 힘을 지니는 것일 테다.

아기들은 30분 정도 잠을 자다 일어났다. 한 아이가 깨자 다른 아이도 이어 깨서 칭얼댔다. 유모차에 태워 움직이면 울음을 그치곤 해서 우리는 공원을 짧게 돌아보기로 했다.

공원 안은 유모차로 이동하기 매우 편리했다. 수유실은 평화의 공원 내

서부공원관리사업소에 있다고 하는데 아이 둘 다 기저귀를 갈거나 수유를 할 시간이 아니어서 산책을 좀 더 하기로 했다.

이날의 피크닉은 살짝 더웠지만 걸어가는 길 양 옆으로 나무가 줄지어 서 있던 덕분에 햇살을 가릴 수 있는 그늘도 이어져 있어 어린 아기들과 함께 하는 데는 무리가 없었다. 친구는 날씨가 특별히 덥거나 춥지 않으면 근처에 있는 하늘공원, 난지천공원 등을 들르고, 집으로 돌아오는 길에는 월드컵경기장 1층의 대형 마트에서 장을 본다고 했다. 생필품이나 아기용품을 사고 깨끗하게 관리되는 수유실을 활용하는 것이 움직이기도 편하기 때문이라고 했다.

짧은 소풍은 해가 뉘엿뉘엿 저물어 갈 때쯤 마무리됐다. 따스한 햇살을 듬뿍 받은 아이는 돌아오는 택시에서도, 집에서도 푹 잤다. 햇볕의 힘이란 역시 대단했다.

따라나서기

월드컵공원

쓰레기 매립지로 쓰였던 난지도를 되살려 만든 공원. 원래 난지도는 꽃과 난초가 자라던 섬으로, 조선시대에는 물이 맑고 깨끗해 철새들이 자주 드나드는 곳이기도 했다.
2002 월드컵과 새로운 세기를 기념하기 위해 조성된 대규모 환경 생태 공원인 월드컵공원은 대표 공원인 평화의 공원을 비롯해 하늘공원, 노을공원, 난지천공원, 난지 한강공원 등 5개 테마 공원이 있다. 5월 어린이날이나 10월 억새 축제 기간에는 하루에 20만 명이 넘는 이들이 방문할 정도로 서울의 명소로 유명세를 얻고 있다.

홈페이지 worldcuppark.seoul.go.kr
유아휴게실 건너편 홈플러스 월드컵점의 수유실 이용
가는 법 지하철 6호선 월드컵경기장역에서 도보로 10분 거리. 1번 출구로 나와 대로에서 횡단보도를 건너 마포농수산물시장, 평화의 공원 주차장 방면으로 이동한 후 주차장을 통과하면 평화의 공원에 도착한다. 하늘공원으로 가려면 평화의 공원과 하늘공원 사이를 연결하는 육교를 건너면 된다. 다만 하늘공원 주차장에서 실제 공원이 시작되는 탐방객 안내소까지의 거리가 제법 멀기 때문에 맹꽁이 전기차(편도 2천 원)를 타고 올라가는 것을 추천한다.
노을공원은 6호선 월드컵경기장역 1번 출구로 나오는 것은 동일하나 월드컵경기장 남문 육교 밑 버스정류장에서 마포 8번 마을버스를 타고 이동해야 한다.
주차 주차비 10분당 300원

추천 코스

각각의 공원이 제법 넓기 때문에, 같은 날 모두 돌아보는 것은 무리이다. 세 곳 중 하나만 정하여 돌아보자. 평화의 공원이 호수를 비롯하여 다양한 볼거리가 있는 편이다. 하늘공원은 탁 트인 전망을 느낄 수 있으나 억새밭이 메인이기 때문에 봄에는 올라가는 길 양쪽의 개나리들은 아름답지만 정작 공원에 올라가면 별다른 볼거리가 없는 벌판이다.
평화의 공원 바로 옆에 마포농수산물시장도 있고, 길 건너 월드컵경기장에는 대형 마트와 극장, 쇼핑몰 및 푸드 코트도 있으니 참고하자.

더위야 물러가라

아기 전용
수영장

도전! 내 아이 첫 수영

봄꽃이 흐드러지게 피었다는 소식을 들은 지 얼마 되지 않았는데 아이를 안고 걸어가는 발 끝으로 지면의 열기가 느껴진다. 남향 집이어도 주변의 높은 건물 탓에 해가 깊이 들어오지 않는 것이 이 시기에는 오히려 다행으로 여겨질 정도였다.

아이는 집 안이 더워지는 것을 못 참았다. 태어난 직후부터 몸에 열이 많았던 아이는 백일 전후로 태열을 심하게 겪었다. 때마침 날도 갑자기 더워졌다. 하얗던 아이 얼굴이 시뻘겋게 바뀌는 걸 보면 엄마 마음에는 천불이 난다. 소아과로 달려가도 "이 시기의 아기들은 태열 증상이 자연스럽게 가라앉기를 기다릴 수밖에 없어요."라는 답변만 들었다. 선배 엄마들은 '시간이 약'이라고 다독여 줬지만, 막상 내 아이가 태열로 고생하니 별 도움이 안 됐다.

만의 하나라도 이 태열이 아토피로 넘어갈까 걱정됐기에 아기 피부에 좋다는 편백나무 오일을 사다 목욕할 때 한두 방울씩 넣어 주고 물장구를 치게 했다. 치료 효과가 있었는지는 확실치 않다. 적당한 온도의 물에서 목욕하는 것이 아기의 면역력 약한 피부를 가꾸는 데 도움이 된다기에, 그걸 지키려 노력했을 뿐이다. 목욕을 시킨 후에는 수딩젤을 충분히 발라 주고 흡수시켰고, 보습 로션을 꼼꼼히 발라 줬다. 이런 노력에 아이의 성장이 더해 생후 60일 무렵부터 미친 듯이 아이 피부를 뒤덮었던 태열은 가라앉고, 아이는 깨끗한 피부로 되돌아 왔다.

태열을 잡기 위해 '여유로운 목욕'을 매일 시도했던 나날이 있었던 덕분인지 아이는 물에서 노는 것을 싫어하지 않았다. 어느 정도 자신의 뜻대로 팔다리를 움직일 수 있는 개월 수가 되자 물을 첨벙첨벙 걷어차기도 하고, 팔을 휘저으며 물이 얼굴로 튀는 것조차 즐겁게 여겼다.

그러던 어느 날 또래 아이를 키우는 친구가 목 튜브를 하고 욕조에서 개구리처럼 팔다리를 움직이는 아들을 찍은 동영상을 보내 줬다. 이렇게 조그마한 아기가 수영이라니! 신기했다. 하긴, 엄마 배 속의 양수에서 열 달을 보낸 아가들이니 헤엄은 너무나도 익숙한 움직임일지도 모른다. 물에서 하는 운동은 반중력 상태에서 하는 운동이라 다칠 염려가 적고 관절에 유연한 자극을 줘 신체 발달에 효과적이라고 한다. 심폐 기능도 발달되고 균형 감각을 키우기에도 좋단다. 무엇보다 물에 대한 두려움을 없앨 수 있어서 좋다는 것이 전문가들의 견해였다.

그날로 목 튜브를 주문했다. 제품이 도착하자마자 큰 대야를 꺼내 물을 받고 아이를 조심스레 물 위에 띄웠다. 목 튜브를 한 아이는 조금씩 물에서 움직였다. 수영 성공! 백일이 지나기 전에 이렇게 헤엄을 치게 해 주면 양수 속에서 머물렀던 기억을 잊지 않는다는 말을 들은 기억도 났다.

아이가 목 튜브에 익숙해진 후, 영아(36개월 미만) 전용 수영장에 도전했다. 아이의 첫 수영장은 용산의 한 쇼핑몰에 있는 아기 전용 수영장으로 낙점. 백화점 안에 있는 곳이라 수영을 끝낸 후 간단한 쇼핑을 즐길 수 있고, 수유 시설도 편할 것이란 판단 때문이었다. 알아보니 어른들이 가는 수영

장에 아이를 보내는 것은 좋지 않다고 한다. 물에 떠다니는 대장균과 녹농균 등을 죽이기 위해 강한 농도의 염소를 풀어 놓기 때문이다.

물장구치는 법은 어디서 배웠니?

아기 전용 수영장은 미리 원하는 날짜와 시간을 예약해야 했다. 아마 입장하는 영아의 수를 제한하기 때문인 듯했다.

아이가 아침에 늘어지게 잠을 자는 바람에 예약한 시간보다 늦게 도착했고, 덩달아 입장 시간도 늦었다. 헐레벌떡 도착하자 같은 시간대에 수영할 아기들은 준비운동에 여념이 없었다. 보호자가 아이의 손발을 잡고 쭉쭉 당겨 주거나 다리를 마사지해 주는 등의 간단한 동작이었다. 신나는 동요도 나오고 마지막에는 강사가 비누방울도 불어 줘서 아이들이 무척 좋아했다.

이곳에 입장하려면 수영용 기저귀를 준비해 오는 것이 좋다. 현장에서 구입하려면 시중 가격보다 비싸기 때문이다. 기저귀 없이 1회만 이용하는 가격은 2만3천 원. 준비운동과 수영장 물놀이 시간, 이후 장난감 이용 시간

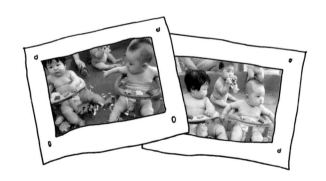

등 매장 안에서 머물 수 있는 2시간에 대한 입장료라 보면 된다.

수영장 내부에는 어른 허리 높이만큼 오는 풀장이 대여섯 곳 정도 있었다. 바깥 공기가 들어오지 않도록 별도의 문이 있어서 온실처럼 따뜻했다. 풀장은 폭이 그리 넓지 않은 월풀 욕조 같았다. 아기가 수영장 기저귀를 찼다고 바로 풀장에 들어가는 건 아니다. 밖에서 준비운동을 하기는 했지만 갑자기 물속에 들어가면 놀랄 수 있기 때문에 재미있는 장난감을 쥐어 주고 얕게 물을 받아 놓은 놀이터 같은 곳에 앉아 있게 한다.

몸에 물도 묻히고 엄마랑 스킨십을 충분히 했다는 생각이 들면, 풀장에 들어가겠다고 말하면 된다. 직원이 아기의 월령에 따라 사용할 수 있는 풀장을 지정해 줬다. 우리 아이는 함께 간 친구네 아기, 또 다른 아기와 함께 풀장을 썼다. 직원이 연약한 아기 피부가 다칠까 염려하며 피부가 목 튜브와 닿는 부분에 거즈 수건을 대 줬다.

아기들은 기저귀만 차고 입수한다. 포동포동한 아기들의 팔다리를 보고 여기저기서 엄마들의 탄성이 터진다. 찰칵찰칵 카메라 찍는 소리도 이어진다. 누가 가르쳐 주지 않았는데도 능숙하게 물장구를 치는 모습에 엄마들이 더 신났다고나 할까.

장난감을 손에 쥐어 주고 한참을 놀다 보면 시간이 금방 지난다. 가끔 아이와 함께 물놀이를 하다 보면 풀장 밖으로 물이 넘치는 경우도 있고, 물이 튈 수도 있기 때문에 젖어도 되는 옷을 입고 오는 것이 좋다. 이날도 반바지를 입고 온 사람들이 많았다.

어린 아기일수록 물속에서 오래 버티지 못하기 때문에 최대 40분까지 놀수 있다 해도 20분 정도면 지치고 힘들어서 칭얼거린다. 따라서 아이 컨디션을 보고 물에서 노는 시간을 정하면 된다. 어떤 보호자는 "너는 이 풀장에서 (다른 아이들이 다 나가도) 끝까지 버텨야 해."라면서 백일 정도 된 아기를 풀장에서 꺼내 주지 않으려 했다. 그렇게 하는 건 아이에게 좋지 않을텐데 말이다.

수영 후 기다리는 장난감 천국

이날 방문한 수영장에는 물에서 나온 아이를 편하게 씻길 수 있는 욕조를 비롯해 샤워용품이 모두 갖춰져 있었다. 물에서 기운을 쓴 아이는 배고프다고 신경질을 부리기 시작했다. 풀장 바로 옆에 있는 수유실에서 수유를 한 뒤 점퍼루와 쏘서, 어라운드위고 등의 장난감이 갖춰져 있는 놀이방

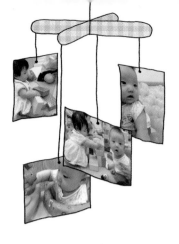

으로 이동했다. 시시각각 LED 조명색이 바뀌는 볼 풀장도 있었는데 아이는 여기에 몸을 누이고 데굴데굴 구르는 것을 무척 좋아했다. 이제는 제법 허리를 가눌 수 있기에 가능한 놀이였다.

심심하고 익숙한 집 환경과 대비되는 장난감 천국에 오자 아이는 흥분해서 눈에 보이는 모든 것을 만져 보고자 했다. 다른 친구가 손에 들고 있는 장난감, 2층 구조로 만들어진 플레이짐 등 이것저것에 욕심을 냈다. 자신이 원하는 곳을 빨리 갈 수 없다는 것이 화가 나는지, 낑낑거리는 일도 잦았다. 그래도 기분이 나빠 보이지는 않았다. 새로운 장난감을 만지고 핥아볼 수 있다는 것만으로도 행복한 듯했다.

그러는 바람에 아이는 낮잠 시간도 잊고 버둥거렸다. 수유를 하면 곧 잠에 빠질 거라 생각했는데 오산이었다. 친구네 아기는 물에서 노느라 살짝 지쳤는지 잠에 빠졌다. 어차피 퇴장해야 할 시간도 다가와서 친구와 함께 아이를 업고 유모차 대여소로 이동했다. 분명히 수영은 아이들이 했는데 왜 엄마들이 전력을 다해 500m 자유형을 한 듯 지치고 허기가 졌는지. 이렇게 더위를 피하고자 애를 쓴 하루가 또 갔다.

초보 엄마 숨통 터지는 유모차 여행

따라나서기

영·유아 전용 수영장은 대부분 대형 마트에 입점해 있기 때문에 접근성이 좋고 편의 시설이 잘 갖춰져 있다. 기본적으로 수영장과 플레이 존(놀이방)이 함께 운영돼야 하는 만큼 대부분 100평 정도의 규모다. 최근에는 노블카운티, 베이비엔젤스, 아쿠아베베 등 영·유아 전용 수영장들이 대도시 주변에 속속 생겨나고 있다.

신생아도 물놀이를 할 수 있지만 수영장에서 프로그램을 수강하고 싶다면 돌이 지난 후부터 가능하다. 물에 들어가기 전에는 무조건 팔과 발 마사지를 하고 근육을 이완시켜 주는 것이 좋다.

일반 수영장을 이용하려면 유아풀이 있는지 먼저 확인한다. 성인풀만 있는 곳이 물이 깊고 차갑다. 이도저도 여의치 않다면 집 안에 수영장을 만들어 준다. 아기들에게는 욕조도 충분히 큰 수영장이다. 혹은 대형 마트나 온라인 마트에서 판매하는 고무 풀장을 구입해도 된다. 아기가 목 튜브를 한채 자유롭게 움직일 수 있게 오목하게 만들어진 제품도 있다.

준비할 것

영·유아 전용 수영장은 사전 예약 필수. 방수기저귀를 구입해 놓는다. 카메라 방수팩도 유용하다.

목 튜브 0개월부터 24개월까지 사용 가능. 착용하면 아기 목만 물 위로 떠오르게 된다. 욕조같이 좁은 공간에서 물놀이 시킬 때 적합하다. 하지만 수영장같이 넓은 곳에서는 불안정해 보이고 어느 정도 자라면 싫어하는 아기도 있다.

스윔 트레이너 5kg이 넘는 아기부터 사용 가능. 조끼처럼 팔에 끼우는 튜브로, 착용하면 목과 팔이 위로 떠오르고 다리는 물에 잠겨 수영하는 자세가 된다. 목 튜브보다 부피가 커서 욕조에서는 다소 좁게 느껴진다.

보행기 튜브 7개월 이상 아기들에게 적합한 제품으로 보행기처럼 다리를 튜브에 끼우는 방식으로 착용한다. 부피가 크고 차양이 설치되어 있어 실내외 수영장에서 유용하다.

울긋불긋 낙엽과 함께

양재 시민의 숲

잠들기 어려운 아이와 잠이 고픈 엄마

'만약 내게 세상 사람들을 구분하는 기준을 말해 보라고 한다면, 잠자리에 눕힌 내 아이의 달콤한 머리 냄새를 맡아 본 이와 그렇지 못한 이로 나눌 것이다.'

누군가가 임신한 내게 이렇게 말했다. "너도 낳아 봐. 그럼 알게 되어 있어." 라면서.

생후 300일을 향해 달려가는 아이를 두고 있는 지금 나라면? 문구를 살짝 바꾸고 싶다. 피곤에 절어 기절하듯 자다가도 새벽에 울부짖으며 일어나는 아이를 달래 본 경험이 있는 이와 그렇지 못한 이로 나눌 것이라고 말

이다.

내 아이는 잠투정이 심한 축에 든다. 영아 산통을 의심하며 밤중에 문을 연 소아과로 달려가야 했던 신생아 때는 '뱃고래'가 작아서 어쩔 수 없었다 하더라도 '100일의 기적(생후 100일이 지나면 수유와 수면 패턴이 형성돼 육아가 한결 쉬워진다는 속설)'은 쉽사리 찾아오지 않았다. 오히려 생후 70일이 지난 후부터는 아이를 재우기 위해 아기띠에 매고 오랫동안 안아 줘야 했고, 생후 145일 즈음에는 아랫니가 나기 시작하면서 아파서 잠이 깨곤 했다. 200일이 지난 후에도 두세 시간마다 깨서 악을 쓰고 울어댔다.

　육아법에 문제가 있나 하는 생각에 서점에 달려가 소아과 전문의가 썼다는 온갖 수면 교육 책을 들춰 보고 인기 작가의 육아서를 읽어도 그들의 아이는 내 아이와 같지 않았다. 물론 아이에게 일정한 수면 의식을 행하고, 쉽게 잠이 들 수 있는 환경을 만들어 주라는 내용은 어느 정도 도움이 되었다. 하지만 그렇다고 기질상 예민한 아이를 소리나 빛에 둔한 성격으로 바꿀 수는 없었기에 '잠투정'과 '새벽에 깨는 수면'은 현재 진행형이다. 지금은 시간이 약이겠거니 하며 받아들이고 있다. 이렇듯 아이의 특성을 받아들이고 이해하는 것이야말로 부모가 되는 첫 단계일지 모른다.

　아이와 함께 양재천 산책로와 양재 시민의 숲을 방문한 날 역시 새벽녘에 여러 차례 울부짖음을 반복한 아이 덕에 오전 늦게까지 비몽사몽이었다. 전날 잠을 자는 둥 마는 둥 했기에 아기 요 옆에 구겨진 빨래처럼 널브러져 있던 나는 힘을 주체하지 못하고 펄쩍펄쩍 뛰는 아이 등쌀에 못 이겨

주섬주섬 짐을 챙겼다. 계속 누워 있다가는 제 머리 무게를 감당하지 못해 일어났다가도 금방 주저앉는 아이 엉덩이에 안경이 으스러질 거 같았기 때문이다. '햇빛을 많이 쬐지 못하면 밤잠을 설칠 수 있다.'는 소아과 의사의 조언도 잠이 부족한 몸을 일으켜 세우는 이유가 됐다.

다행히 날씨는 합격. 한낮에 아이를 밖에 데리고 나가도 괜찮겠다 싶을 정도로 햇살은 한풀 꺾인 상태였다. 날씨 점검을 마쳤으니 짐을 싸기 시작한다. 부족하면 몹시도 불안해지기 때문에 넉넉하게 챙긴 기저귀, 똥이나 오줌을 묻혔을 때를 대비한 아래위 옷 한 벌, 체온 조절을 위한 겉싸개, 엉덩이 빨개지면 밤에 더 칭얼대니까 기저귀 발진 크림, 띠에 매달려 잔다고 할 때 물려 줘야 하는 공갈 젖꼭지, 강아지처럼 물어뜯기 좋아하니까 치아 발육기……. 헉헉, 짐 꾸리는 데만 30분은 걸리는 것 같다. 하지만 이것도 몇 번 하다 보면 익숙해질 뿐더러 나갔다 온 후에 기저귀 가방에서 씻어야 하는 것만 꺼내기 때문에 일이 줄어든다.

촘촘히 선 나무들이 반기는 공간

우여곡절 끝에 띠를 두르고 출발. 우선 집 근처에서 버스를 타고 강남역 쪽으로 갔다. 아이는 차창 너머로 보이는 도로 위의 '뛰뛰'들이 달리는 모습을 집중해 보다가 조그만 손으로 유리창을 팡팡 내리치며 '신기하다'는 감정을 표현했다. 버스에서 내린 후에는 신분당선에 올라탔다. 몇 정거장을 지나 양재 시민의 숲역 5번 출구(혹은 1번 출구)로 나오니 키가 큰 나무들이

양재 시민의 숲 수유실.

줄지어 서 있는 모습이 보였다. 제대로 온 것 같았다.

공원은 그리 크지 않지만 아기자기한 산책로가 마음에 쏙 들었다. 초입에는 산책로에 대한 간단한 설명과 공원 내 시설을 설명하는 표지판이 있었는데 발길 가는 대로 걸어도 부담되지 않을 거리였다.

이곳 관리사무소에서는 유모차를 대여할 수도 있다고 해서 찾아가 봤지만, 청결 상태가 좋지 않은 데다 양재천 산책로까지 함께 들를 생각이어서 빌릴 생각을 접었다. 사무소 옆 수유실에는 소파와 싱크대 정도가 구비돼 있다. 다만 가건물처럼 지어진 곳이어서 해가 떨어진 늦은 오후나 가을, 겨울에 기저귀를 갈겠다고 옷을 벗겼다가는 아기가 감기에 걸리기 쉬워 보였다. 다행히 아이는 오줌을 누지도 않았고 배가 고파 보이지도 않았다.

일단은 발길이 향하는 대로 걷기로 했다. 공원에는 아이들을 데리고 온 엄마들이 꽤 있었다. 특히나 날씨가 좋은 날에는 근처에 사는 아이 엄마들이 공원 내 놀이터에 자주 들르는 듯했다. 한여름에는 놀이터 옆 분수에서 시원한 물줄기가 뿜어져 나오지만 아쉽게도 그 모습을 구경할 수는 없었다. 대신 서서히 물들기 시작한 노란 은행잎과 사과처럼 붉게 물든 단풍잎 사이로 걸어갈 수 있는 특권을 누리게 됐다.

아이를 배 속에 품고 있을 때 가족들과 함께 와 본 기억이 있는 양재천 산책로도 들를 예정이라 우선 공원의

북쪽 방향으로 걸어가기 시작했다. 엄마 가슴이 아닌 바깥을 볼 수 있도록 힙시트에 앉은 아이는 집과는 전혀 다른 풍경에 홀려 발을 팡팡 구르다 키가 큰 나무를 올려다보기도 하고 머리를 두리번두리번 돌려 가며 주변을 살핀다. 작년 여름 입덧이 끝날 무렵 이곳에 왔을 때는 청설모가 나무를 잽싸게 타는 모습을 봤는데, 가끔씩 특유의 소리를 내는 아이와 함께 있어서 그런지 귀가 밝은 조그만 동물들과 조우하기는 어려웠다. 그래도 하늘을

초보 엄마 숨통 터지는 유모차 여행

향해 곧게 뻗어 있는 푸르른 나무들과 그 사이를 스쳐 지나가는 바람을 느끼고 있자니 전날 새벽의 '잠 고문'은 먼나라 일처럼 느껴진다.

키가 큰 나무 아래 자리한 벤치에 잠시 걸터앉았다. 무척이나 한가롭고 여유로운 시간이 잠시라도 이어졌으면.

으에에에에엥. 음마마아.

그래, 네가 가만히 있을 리 없지.

양재 시민의 숲

아이는 '심심하게 그냥 앉아 있지 말고 어서 빨리 새로운 자극을 달라.'며 칭얼거린다. 허리를 가누기 시작한 무렵부터는 다리 힘도 세져서 버둥거리는 아이를 제어하기 버거울 때도 종종 있다. 이럴 땐 새롭거나 신기한 걸 보여 주며 주의를 돌리는 게 최고라는 생각에 발걸음을 재촉했다.

공원 주차장과 구름다리를 지나면 양재천 산책로로 바로 이어진다. 이 길은 우레탄으로 포장돼 있어 출산 후 관절이 시큰한(?) 애 엄마도 장시간 걸을 수 있고, 물이 흐르는 풍경을 아이에게 보여 줄 수 있다는 것이 장점이다.

또 이 길은 자전거 도로와 산책을 위한 길로 나뉘어 있다. 사람은 어느 쪽이든 진입할 수 있지만 자전거를 타고 가는 이들은 물가에 좀 더 가깝게 마련된 길만 이용 가능하다. 산책용으로만 활용되는 길은 구간에 따라 일부가 우레탄 또는 목재로 포장돼 있다. 자전거 도로보다는 지대가 높아서 양재천을 조망하면서 걷기에 좋다. 다만 길이 좀 좁고 수풀과 닿을 수 있어서 유모차로 이동할 때는 불편할 수 있을 것 같았다.

다양한 사람들을 만날 수 있는 산책로

양재천 물길의 시작은 경기도 과천의 관악산부터라 한다. 어린이대공원 뒤를 흐르는 청계산에서 또 다른 물줄기를 만나 서울 서초구 양재동에서부터 강남구 대치동까지 흘러 결국 한강의 지류인 탄천으로 유입된다고. 사람들이 가장 많이 몰리는 길은 인근에 아파트나 주상 복합 시설이 많은 양재동 삼호물산 사거리(영동2교)에서부터 도곡동 타워팰리스(영동3교)까지인 듯하다. 특히나 벚꽃이 흐드러지게 필 즈음에는 봄의 정취를 느끼려는 사람들로 가득하다. 그때는 데이트를 즐기는 젊은 커플부터 반려견을 데리고 나온 노부부까지 다양한 시민들의 모습도 마주할 수 있다. 또한 이 길은 산책로를 살짝 벗어나면 아기자기하게 꾸며 놓은 카페와 레스토랑이 있어 허기를 달래기 좋다. 아이와 함께여도 달달한 디저트나 시원한 커피 정도는 즐길 수 있을 테니 한번쯤 도전해 볼 만하다.

아이와 함께 이 길을 걷는 것은 출산 후 처음이지만 임신 막달 무렵 '통통'을 넘어 '뚱뚱'한 몸을 이끌고 몇 번 찾아왔던 곳이기에 아이가 익숙하게 느끼지 않을까 기대를 해 본다. 당시에는 검진을 위해 방문했던 병원 근처인지라 매주 진료가 끝나면 "살이 더 이상 찌면 안 된다."는 의사의 충고에 우울한 마음을 안고 산책로를 향했다. 조금이라도 걸으면 살이 덜 찌지 않을까 하는 마음에 시작했지만 대개는 15분 걷고 나면 허리와 무릎, 발목이 너무 아파서 중도에 포기하고는 했다. 내 몸을 마음대로 할 수 없다는 것이 얼마나 답답한 일인지 뼈저리게 느꼈던 순간이었다.

이런저런 생각에 잠겨 길을 걷다 보니 가을빛에 물들기 시작한 공원의 풍광을 열심히 바라보던 아이가 잠투정을 시작했다. 낮잠을 잘 시간이 되었다. 산책로 사이에 마련된 정자에 걸터앉아 준비한 액상 분유를 주니 곧 잠이 들었다. 모유 수유를 하기 때문에 집이나 수유실이 마련된 곳에서는 분유를 주지 않지만, 이곳처럼 가슴을 드러내기 어려운 곳에서는 비상용으로 챙겨 간 액상 분유가 제 역할을 하고는 한다. 모유 수유를 선택하고 아

이에게 '직접 수유'를 해 온 사람으로
서, 모유 수유는 젖병이나 분유를 매
번 챙기지 않아도 된다는 점이 무척
편리하지만 수유할 수 있는 공간에
제약이 있다는 점이 아쉽다. 물론 가
슴 가리개를 하고 수유할 수도 있겠
으나 야외에서는 어려운 일이다.

　배를 채우고 나니 아이는 쌔근쌔
근 숨소리를 내며 자기 시작했다. 집
으로 향하는 길은 아이의 코와 입에
서 풍기는 달콤한 젖내음이 함께했
다. 곤히 잠든 낮처럼, 밤에도 편히
잠들 수 있기를 바라본다.

따라나서기

양재 시민의 숲

1986년 서울 아시안 게임과 1988년 서울 올림픽을 기념해 양재톨게이트 주변에 조성된 공원. 서울 한복판에서는 찾아보기 힘든 울창한 숲길이 맞아주는 곳이다.

산책로는 북측 1.2km, 남측 0.65km로 만들어져 있어 한 바퀴 도는 데에 빠른 걸음으로 20~30분 정도면 충분하다. 지정된 산책로를 벗어나 공원 안쪽으로 들어오면 쉼터와 꽃밭 등이 잘 만들어져 있다.

해마다 3월부터 11월까지 푸른 숲을 보면서 고기를 구워먹을 수 있는 야외 바비큐장 시설도 갖춰져 있다. 다만 공원 홈페이지를 통해 사전 예약해야 한다.

공원 초입에는 윤봉길 의사 기념관과 탑이 세워져 있어 역사 교육 장소로도 좋다. 어린이 놀이터와 수유실, 소형 분수대 등이 갖춰져 있어 젖먹이 아기부터 걷기 시작하는 아이를 데리고 산책하기 좋다.

홈페이지 parks.seoul.go.kr/citizen
유아휴게실 전자레인지, 기저귀 교환대 등 사용 가능
유모차 대여 대여 유모차가 오래된 데다 수가 한정돼 있어 휴대용 유모차가 있다면 가져가는 것이 좋다.
가는 법 신분당선 양재 시민의 숲(매헌)역 1번 출구. 엘리베이터와 에스컬레이터 이용 가능하며 공원으로 이어지는 길은 야외수영장을 끼고 있는 북쪽 방면과 윤봉길 의사 기념관이 있는 남쪽 방면 두 곳이다.
주차 공영주차장. 주차비 2시간 무료

양재천 산책로

경기도 과천시에서부터 서울 서초·강남구를 거쳐 한강으로 흐르는 지방 하천에 조성된 산책길. 도보만 가능한 길과 자전거 통행이 가능한 길로 구분되어 있으며 화장실과 휴식 공간도 적절한 거리마다 설치돼 있다. 4월초에는 벚꽃이 흐드러지게 피며, 10월 초중순에는 산책로 주변에 있는 논에서 벼 수확 체험이 가능하다.

양재천 카페거리에는 유명 프랜차이즈 점포보다 파티셰나 쉐프들이 직접 운영하는 가게들이 많다.
유아휴게실 신분당선 양재 시민의 숲역, 서울 지하철 3호선 매봉·도곡역 수유실 이용
주차 양재천 근린공원 주차장. 주차비 하루 3천 원

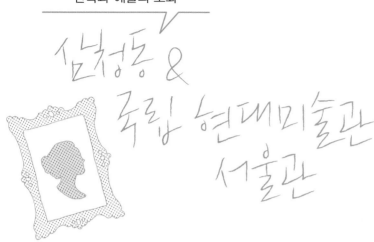

한옥과 예술의 조화

삼청동 &
국립 현대미술관
서울관

옛 기억이 교차하는 삼청동 나들이

"오랜만에 문화인이 된 거 같았어요. 별거 아닐 수도 있지만 정말 좋았어요."

문화센터에서 만나 친해진 아기 엄마가 국립 현대미술관에 한번 가 보자고 권했다. "과천에 있는 거요?"라고 묻자, 삼청동에 새로 생겼단다. 전통한옥이 가득한 삼청동의 고즈넉한 분위기 아래서 예술의 향기를 느낄 수있다니, 장소만 듣고도 설레는 마음이 가득했다. 혼자보다는 함께 가는 것이 좋을 거 같아 곧바로 날짜를 잡았다.

약속 당일 집 앞 버스 정류장에서 광화문 방향으로 가는 버스를 잡아탔

다. 평일 오전이라 버스 안은 한산했다. 다행히 교통 약자를 위한 자리도
비어 있었다. 아이와 함께 어딘가를 갈 때는 '앉아 갈 수 있을까?'가 가장
큰 고민거리인데 시간대를 잘 맞춰 가면 운 좋게 목적지까지 편히 갈 수 있
다. 무조건 앉아 가고 싶다면 출퇴근 시간대는 피하는 것이 좋고 되도록 종
점에서 가까운 정류소에서 타는 것이 유리하다. 이건 지하철도 마찬가지.
임부나 아이를 데리고 다니는 이에게 자리를 흔쾌히 내주는 친절한 시민
도 물론 있지만, 의도적이든 아니든 대다수는 스마트폰 삼매경에서 빠져

나오지 못하기 때문에 스스로 앉을 수 있는 자리를 확보하는 것이 매우 중요하다.

버스에서 내린 곳은 동십자각이 보이는 광화문 사거리. 흔히 인사동 거리로 유명한 안국역 부근이다. 목적지인 국립 현대미술관 서울관은 안국역 1번 출구로 나와 경복궁 사거리까지 걸어 내려와 우회전해도 되지만(이 방법이 아마 최단거리일 것이다), 오랜만에 온 삼청동의 분위기를 한껏 느껴 보고 싶은 마음에 지하철역에서 나오자마자 보이는 조그만 골목길로 접어들었다.

풍문여고와 덕성여고를 왼편에 두고 걸어 올라가는 이 길은 최근 관광지로 뜨면서 평일에도 거리의 풍광을 즐기려는 이들이 줄을 이었다. 나도 그들과 함께 주변 상점을 구경하면서 아이에게 말을 걸었다. 유모차를 타고 온 저 형아가 보이니, 저 가게에서 파는 옷은 디자인이 참 예쁘구나, 돌담 색깔이 참 곱다. 대답은 아오오, 으응, 므아 정도의 뜻 모를 외침이었지만 그래도 나 홀로 떠드는 기분은 아니어서 좋았다. 아이가 옹알이를 시작하

초보 엄마 숨통 터지는 유모차 여행

기 전부터 대화를 나누듯 말을 걸면 아이 언어 발달에 효과가 있다는 이야기가 허튼 소리는 아니었나 보다.

그렇게 한참을 아이와 소근대며 길을 가다 보니 윤보선 전 대통령의 고택(안국동 윤보선가)이 보였다. 지금은 윤 전 대통령의 큰 아들 가족이 거주하고 있고 가끔 개방을 한다고 하는데 이날은 마침 기념행사 때문에 경호원들이 철통같이 대문을 지키는 중이었다.

저택 바로 건너편에는 '명문당'이라는 오래된 현판을 달고 있는 건물이 있었다. 창에 무엇인가가 가득해서 안을 잘 볼 수 없었는데 가까이 가서 살펴보니 오래된 책들이 겹겹이 쌓여 있었다. 대부분의 책들은 손을 대면 바스락거리며 부서질 것처럼 색이 바랬고 바짝 말라 있었다. 안에는 아무도 없는 걸까, 출판사 건물인 듯했는데 이렇게 방치해 두는 걸까, 이런저런 궁금증이 일었지만 일단은 그냥 지나쳤다. 집에 돌아와서 찾아보니 예전에 윤 전 대통령을 감시하기 위해 초소로 활용된 건물이라고 한다.

명문당에서 왼편으로 꺾어지자 잘 꾸며 놓은 카페거리가 등장했다. 밥 때여서 중국이나 태국에서 온 관광객부터 근처 회사 직원들, 견학 온 학생들에 이르기까지 많은 사람들이 각자 목표한 가게를 향했는데, 그 광경에 입을 딱 벌리고 한참을 멍하니 서 있을 수밖에 없었다. 내가 기억하는 북촌길은 이런 느낌이 아니었기 때문이다.

이 길은 2008년 말, 처음 사회인이라는 이름을 달았을 때 나의 출퇴근 무대였다. 회사 연수원은 안국역이나 경복궁역에서 내려 한참을 걸어야 했다. 잠이 부족해 간신히 지각을 면하는 시간에 출근했던 나는 이 길을 매일 뛰어다녔다.

하지만 불편한 정장 치마를 입고 숨을 헉헉대며 달리면서도 '이 동네의 분위기는 정말 그 어떤 곳보다 좋다.'는 생각에 흐뭇했고, 가끔은 오래된 건물이 주는 영감에 가슴이 벅찰 때도 있었다. 당시에는 쌀가게나 잡화를 파는 구멍가게도 있어서 서민들이 모여 사는 주거지의 느낌이 강했는데, 이제는 신사동 가로수길과 다름이 없어졌다.

　서운한 감정이 밀려왔지만 그래도 옛 기억을 더듬어 보고자 계속 걸었다. 다행히 중국식 만두집과 떡볶이집은 그대로인 듯했다. 이 길에 출근도장을 찍고 있을 무렵 미국에서 놀러 온 사촌동생을 데리고 와 문을 연 지 얼마 되지 않은 저 가게에 들어가 따뜻한 만두 한 접시를 먹었던 기억이 떠오른다. 중국 유학 경험이 있는 사촌동생은 '베이징에서 먹었던 그 맛'이라며 흥분했고, 손님이 우리 밖에 없었던지라 가게 사장님하고도 이런저런 이야기를 나눴던 수년 전의 어느 날. 그렇게 기억의 타래를 거슬러 올라가다 보니 아이와 함께 나온 오늘도 언젠가는 추억의 한 조각이 될 거란 생각

에 묘한 기분이 들었다.

지극히 주관적인 감상은 아이가 가게 천장에 대롱대롱 매달린 뻥튀기를 보고 내지르는 소리에 끝이 났다. "오어어어, 어므아아아, 오어어어" 저거 뭐냐는 의미인 듯하다. 아이를 향해 있던 고개를 하늘로 드니 연두색, 귤색 등 고운 빛의 지팡이처럼 생긴 뻥튀기가 머리 위에 있다.

아이는 처음 보는 괴상한 모습에 흥분했다. 제 손으로 직접 만져 보고 싶어 했다. 아이를 살짝 위로 안아 들어 그 딱딱한 과자를 만질 수 있게 해 줬다. 생애 최초로 뻥튀기를 만지는 순간이다. 이 뻥튀기에 아이스크림을 넣어 판다고. 인사동이나 삼청동을 방문한 이들이 꼭 먹는 명물이라 한다. 맛있어 보였지만 애를 안고 한 손에 그걸 쥐고 가기에는 불편할 듯해서 다음 기회로 미뤘다.

문화의 향기가 가득한 국립 현대미술관

조금 더 걷자 오늘의 목적지, 국립 현대미술관 서울관이 나왔다. 이곳 역시 7년 전에는 없던 건물이다. 무겁고 어두운 공기가 가득했던 기무사 건물을 철거하고 올렸다고 한다. 예전에는 기무사 건물 근처가 인적이 드물고 왠지 무서운 느낌이라 가까이 가지 않았는데 이처럼 산뜻한 새 건물이 맞이하다니, 다시 한번 지나간 시간을 되짚어 보게 된다. 일반인의 진입이 어려웠을 때는 건물터가 이토록 넓은 줄은 몰랐기에 또 한번 놀랐다.

국립 현대미술관은 전시동과 교육동, 디지털정보실 등 현대미술의 흐름을 한눈에 볼 수 있도록 꾸며 놓은 곳으로 2013년 11월 개관했다고 한다. 저 멀리 인왕산 자락도 보이고 경복궁과 민속박물관도 언뜻언뜻 보였다. 무엇보다 낙엽이 지기 시작하려는 때여서 길의 정취가 너무나도 아름다웠다. 단풍 구경은 애초에 마음을 접고 있었다가 이렇게 가을과 마주하게 되니 횡재가 따로 없었다. 봄에 태어난 아이는 울긋불긋 옷을 갈아입는 나뭇잎을 처음 보고 기억 속에 '첫 가을'을 새겨 넣고 있었다.

미술관 안으로 들어가서 유모차를 대여하고 수유실로 향했다. 수유실은 매우 깨끗했다. 분유를 탈 수 있는 정수기(온수 가능)도 있고 모유 수유를 위

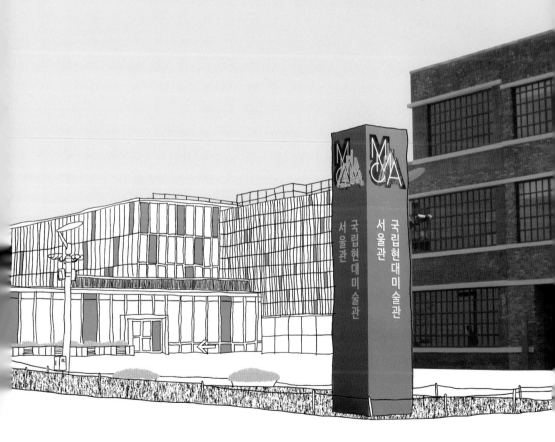

초보 엄마 숨통 터지는 유모차 여행

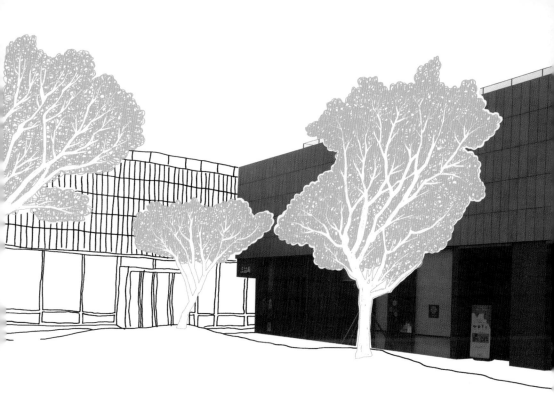

한 공간도 따로 마련돼 있었다. 기저귀 교환대도 편리했다. 아이는 이빨이 나고 있어서 계속 침을 흘렸는데 바로바로 닦아 주지 않으면 침독이 올라와서 이날도 집에서 1회용 가제수건 티슈를 갖고 왔다. 삶아 쓰는 가제수건보다 휴대하기 편하고 물을 묻히면 물티슈로도 쓸 수 있어서 외출할 때 좋다. 수유와 기저귀 교환, 그리고 얼굴 닦기까지 마쳤으니 충전 완료!

배를 채워 한결 기분이 좋아진 아이를 데리고 함께 미술관을 둘러볼 일행을 만났다. 개월 수가 비슷한, 눈웃음이 매력적인 아이와 함께 미술관에 온 그는 이른바 '아이 친구 엄마'다. 나보다 나이가 많은 언니인데 또래 아

이를 키운다는 공통 경험으로 묶인 관계인지라 아이들과 함께 세상구경하는 날에는 그 누구보다 재미있고 도움 되는 분이다. '조리원 동기'처럼 아이를 통해 새로운 사람과 만나고 또 인연을 쌓아 간다는 건 출산이 가져다 준 기분 좋은 일 중 하나다.

두 아이와 두 엄마가 유모차를 끌고 전시장으로 들어가자 몇몇은 신기하게 쳐다봤다. 애 엄마가, 그것도 두 명이 미술관에 오다니! 그들에게서 이런 표정이 살짝 읽혔다면 오해이려나.

사실 출산 이후 영화관을 가려면 아이를 돌봐 줄 누군가를 찾아야 했고 운이 좋아 부모님께 맡기더라도 수유 때문에 서둘러 집에 돌아와야 했다.

초보 엄마 숨통 터지는 유모차 여행

집에서 텔레비전으로 본다고 하더라도 아이가 자다 깨는 통에 영화를 부부가 오붓하게 보기란 '멀고 먼 꿈'에 가까웠다. 그런 내가, 애 엄마가 미술관이라니! 그것도 첫 출근의 기억이 듬뿍 담겨 있는 장소에서 아이와 함께라는 생각에 가슴 한켠이 뭉클해졌다.

아무튼 자원봉사자로 활동하시는 나이 지긋한 어르신들이 아이들을 보고 예뻐해 주셔서 용기를 얻어 전시를 둘러봤다. 도슨트의 설명을 들으면 더욱 좋겠지만 아이들이 언제 지루해할지 모르는 탓에 포기했다.

아이에게도 미술관은 처음이다. 전시관 중에 한국과 호주의 작가들이 준비한 '뉴로맨스전'을 먼저 들렀다. 초입에는 세 가지 홀로그램 영상을 거울 벽면에 쏘는 형식으로 작가의 메시지를 전달하는 작품이 있었는데 아이는 다양한 색상의 빛이 왔다 갔다 하는 걸 보고 눈을 동그랗게 뜨고 양손을 허벅지에 팡팡 내려치며 신나 했다.

특히 이곳은 설치미술품 중 직접 체험해 보거나 만져 볼 수 있는 작품이 있었기에 아이가 탄 유모차를 거울 쪽으로 밀고 가 빛과 함께 변하는 자신의 얼굴을 보게 했다. 아기가 자신의 얼굴을 보고 '내 얼굴'이라고 자각하는 시기는 생후 7개월 즈음이라고 한다. 하지만 2~3개월부터도 가까운 거리에 있는 거울에 비친 자신의 얼굴을 보고 까꿍놀이를 하거나 하면 무척이나 즐거워한다. 이제 막 생후 7개월이 된 아이는 혼자서 신발장 거울에 비친 자신의 모습을 보며 즐거워하기 시작했는데 이날 이 독특한 작품에 대해서도 상당히 관심을 보였다.

또 자신이 탄 유모차가 움직이면서 빔 프로젝터를 가릴 때마다 벽면에 그려지는 그림자에도 반응했다. 그림자를 무서워하는 아기도 있다고 하던데 밤마다 수면등을 켜 두고 손으로 그림자를 만들어 주던 놀이가 아이의

기억에 남아 있나 보다.

좀 더 안으로 들어서니 선인장으로 만든 글자, 기괴한 상상 속 동물로 만든 조형물 등 다양한 작품이 우리를 맞아 주었다. 어둑한 공간에 놀라지 않을까 걱정했지만 의외로 아이는 눈을 빛내며 구경에 몰두했다. 함께 간 친구네 아이 역시 처음 보는 광경에 칭얼대지 않고 집중했다. 다만 지하층 전시관은 유모차로는 진입할 수 없어서 발길을 돌려야 했다.

그 다음 전시관은 처음 들른 곳보다 환한 분위기였다. 설치미술품이 두 관에 가득했는데 아이는 계속되는 시각적인 자극에 지쳤는지 잠이 들었다. 덕분에 사색하며 작품을 둘러볼 수 있었다.

아이와 24시간을 붙어 지내는 요즘은 이처럼 고요한 순간을 그리워하게 된다. 나에게 집중할 수 있는 그 시간, 아무리 짧더라도 영혼의 오아시스라 할 만큼 절실하다. 모자가 함께 만들어 나가는 첫 기억들도 행복하고 중요하지만 엄마가 스스로 생각할 수 있는 여유도, 아이에게 떨어져 나를 돌아볼 수 있기에 육아에는 꼭 필요한 시간이라고 생각한다.

전시관을 두루 둘러본 후에는 엘리베이터를 타고 3층으로 올라갔다. 10월 중순에만 특별히 일반에 개방하는 경복궁 마당에 가 보기 위해서였다. 미술관에 있는 6개 야외마당 중 하나인 경복궁 마당은 경복궁을 조망할 수 있는 운치 있는 공간이었다.

낙엽 속 고궁과 푸른 하늘을 번갈아 바라보며 미술관에서 공짜로 제공한 차를 마시고 있자니 신선이 따로 없었다. 그때까지 유모차에 누워 잠을 자던 아이의 눈썹과 머리카락에 선선한 가을바람이 스쳐 지나가고 있었다. 내 아이의 첫 미술관 나들이, 어떤 기억으로 남을까.

따라나서기

국립 현대미술관 서울관

현대미술의 흐름을 한 눈에 살펴볼 수 있는 국립 현대미술관 서울관은 조선 시대에는 소격서, 규장각, 종친부, 사간원 등이 있던 곳이다. 한국전쟁 이후에는 국군수도통합병원과 기무사 등이 있었던 자리.
오디오 가이드 및 유모차 대여가 가능하고 무인 사물함도 있다. 매주 화요일부터 금요일에는 서울관과 덕수궁관, 과천관을 잇는 아트 셔틀버스가 하루 4회 운행된다.
카페테리아 및 푸드코트에서 식사와 음료를 판매하며 아기 의자도 마련돼 있다.
월 1회에 한해 동반 1인 무료입장권을 제공하는 신용카드가 있으니 방문 전 확인 필수.

홈페이지 www.mmca.go.kr
관람시간 10:00〜18:00, 화 · 토요일 10:00〜21:00(오후 6시부터 무료)
　　　　　　매주 월요일과 1월 1일 휴관
유아휴게실 정수기, 기저귀 교환대 등 사용 가능
가는 법 버스는 풍문여고 · 덕성여중고 정류장. 지하철은 3호선 안국역 1번 출구. 풍문여고를 왼편에 두고 안국동 우체국이 있는 골목으로 진입해 걸어가면 윤보선가가 있다. 더 지나 오거리에서 9시 방향으로 좌회전해서 경복궁 주차장이 보일 때까지 직진하면 국립 현대미술관이 나온다.
　　　　국립 현대미술관 서울관으로 바로 가려면 안국역 1번 출구로 나와 경복궁 사거리까지 걸어내려와 우회전하면 된다.
주차 주차비 최초 1시간 2천 원, 이후 15분 당 500원. 평일에는 주차 공간이 여유롭지만 주말에는 이른 시간부터 만차 상태이다.

안국동 윤보선가

안국동 윤보선가는 국가지정 문화재 사적 438호로 한국 최초의 민주정당인 한국 민주당의 산실이 된 장소이다. 윤보선 전 대통령은 7〜8세 무렵부터 이 집에서 살았으며 대통령 재직 시 집무를 보는 공간으로 활용했다. 1870년(고종 7년) 건립된 이 집은 박영효 선생이 일본 귀국 후에 잠시 머물기도 했으며 사랑채에는 순조가 쓴 것으로 알려진 '남청헌라'라는 현판, 김옥균이 쓴 '진충보국'이라는 현판 등이 걸려 있다.

추천 코스

윤보선가를 비롯한 삼청동 일대를 천천히 걷거나, 윤보선가를 끼고 서울시립 정독도서관과 근처 오래된 한옥을 둘러보는 북촌 산책 코스도 추천한다.
국립 현대미술관만 돌아보는 것도 좋다.

첨단과 전통 사이

봉은사 & 코엑스 아쿠아리움

아이마저 경건해지는 도심 속 사찰

아이가 지하철 손잡이를 잡고 놓을 생각을 하질 않는다. 출퇴근 시간에 '지옥철'로 탈바꿈하는 서울지하철 9호선을 탔지만 다행히도 사람이 많은 시간대가 아니어서 아이는 제 마음대로 금속 봉을 잡고 노는 여유를 즐길 수 있었다.

목적지는 봉은사. 9호선이 연장 개통되기 전에는 이곳에 오려면 버스를 여러 번 갈아타고 오거나 지하철 2호선 삼성역에서 적어도 20분은 걸어와야 했지만, 새롭게 뚫린 9호선 봉은사역 덕분에 그런 수고를 덜었다.

바로 옆의 코엑스는 어릴 적부터 줄기차게 다녔지만 봉은사를 방문한 것

은 처음이다. 그래서인지 1200년의 역사를 지닌 고찰을 본다는 생각에 더욱 설레었다.

신라 시대에 활동했던 연회국사가 창건한 봉은사는 한국 불교의 역사에 빼놓을 수 없는 곳이라고 한다. 유교를 숭상했던 조선 시대에는 탄압받았던 불교의 명맥을 잇기 위한 장소였고, 사찰 옆 부지(현재 코엑스)는 스님을 선발하는 승과고시를 실시하는 곳으로 활용돼 서산대사나 사명대사 등 걸출한 스승을 배출했다. 또한 봉은사는 추사 김정희 선생이 말년에 기거하며 자신의 서체인 '추사체'를 완성한 곳이기도 하다.

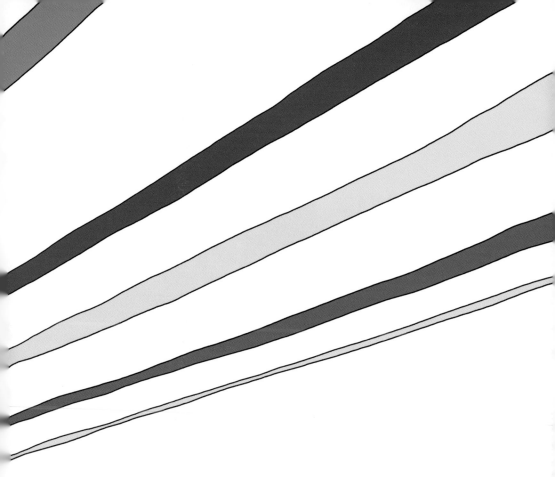

　사찰에 들어서는 문은 대개 일주문이라고 하는데 봉은사는 입구를 '진여 문'이라는 특별한 이름으로 부른다. 사물의 있는 그대로의 모습을 가리키 는 '진여'는 절대적 진리를 찾아간다는 의미가 있다고 하는데 이 문에 서 있 는 사천왕은 무척 귀여운 얼굴을 하고 있어서 슬며시 웃음이 났다. 대문격 인 진여문을 지나면 살짝 경사진 길에 너른 돌로 고르게 다져 놓은 길이 펼 쳐진다. 하늘에는 초록, 빨강, 노랑, 파랑 그리고 흰색 끈이 너울대고 있다.

오방색의 끈들이 무엇을 의미하는지는 모르겠지만 하늘빛과 어울려 묘하게 아름다웠다.

정면에는 예불을 올리는 법왕루가 보인다. 여기까지 들어온 후에 아이를 보니 조용한 경내 분위기에 취했는지 진지한 표정으로 나와 눈을 맞춘다. 좀 전까지만 해도 도시의 소음으로 가득한 길을 걷고 있었는데 아주 살짝 안으로 들어왔다고 이렇게 다른 공간이 기다리고 있다니! 정말 신기하다 그렇지, 라고 아이에게 속삭이며 좀 더 안으로 들어섰다.

봉은사의 중심이자 꽃 모양으로 세밀하게 조각한 문이 아름다운 '대웅전'은 수능을 앞두고 기도를 드리는 불자들과 관광객들이 어우러져 있었다. 탑 앞에는 흔들리는 촛불과 예불을 위해 바친 꽃이 줄지어 놓여 있다.

많은 이들이 초를 켜고 간절히 비는 것이 무엇인지는 알 길이 없었지만, 진심을 담은 표정은 바라보는 사람에게도 신실한 마음은 이런 것이라고 알려 주는 듯했다. 경건한 이곳에서 나는 부모와 자식의 연으로 이어진 아이를 바라보고 머리를 쓰다듬어 주었다. '우리가 이렇게 만나게 된 것도 인연인데, 잘해 보자.'라고 말하며.

사실 경내로 들어올수록 아이가 절에서 나는 목탁 소리에 놀라 울거나 짜증을 부리면 어쩌나 하는 생각에 조심스러웠는데 아이는 놀랍게도 너무나도 조용하고 차분히 풍광을 바라보았다. 평소였으면 바람에 흔들리는 촛불을 잡으려 아기띠 안에서 펄쩍펄쩍 뛰거나 소리를 지를 텐데 아이는 그저 '응시했다'. 영적인 이곳 공기의 특별함을 읽어 낸 것일까. 덕분에 아이를 데리고 미륵대불이 있는 곳까지 올라왔다. 지대가 높아서 아이를 안고 오르기는 부담스러웠지만 23m나 되는 높이의 거대한 불상을 한번쯤 보고 가고 싶다는 생각에 헉헉대며 계단을 올랐다.

봉은사의 미륵대불은 스마트폰 카메라로는 한 번에 담기 어려울 정도로 커서 나는 물론이고 아이도 신기하게 쳐다봤다. 아이는 살짝 무서워하는 것 같기도 했다. 추사 김정희가 마지막으로 남긴 글씨가 편액(서울시 유형문화재 83호)으로 걸려 있는 판전 건물을 돌아 내려오면서 길가 돌담에 핀 국화 송이들과 마주쳤다. 며칠 전까지 국화꽃 축제 기간이었단다.

절을 크게 한 바퀴 돌고 나오는데 왜 사진작가들이 봉은사로 출사를 자주 나오는지를 깨달았다. 경내로 진입할 때는 보지 못하지만 돌아 나오기 위해 고개를 돌리는 순간, 생각지도 못했던 아름다운 풍광이 펼쳐지기 때문이다. 끝이 유려하게 올라간 기와지붕 사이로 초고층 빌딩이 위용을 자랑하며 모습을 드러낸다. 어울리지 않을 듯, 묘하게 궁합이 잘 맞는 건물들의 조화였다.

진여문으로 다시 돌아 나가려는데 아이가 신경질을 내기 시작했다. 배가 고플 때가 된 것이다. 마음이 급해졌다. 눈앞에 보이는 복합 쇼핑몰, 코엑스로 빠르게 걸어갔다. 허리도 슬슬 아프기 시작했다. 유모차가 절실했다.

재미난 볼거리, 불편한 시설

건물로 들어서자마자 안내소로 직행했다. 다
행히 도보로 5분 정도 걸어가자 수유실인 '아가
사랑방'과 '유모차 대여소'가 보였다. 유모차 대
여소는 지하철 2호선 삼성역에서 진입하는 쪽에
도 한 곳 더 있다고 들었는데, 이날은 영화관과
바로 붙어 있는 유모차 대여소를 이용했다.

탈 것을 준비했으니 마음이 좀 놓였다. 대여소
옆 수유실에서 기저귀도 갈고 모유 수유도 한 후
에 다시 아이와 길을 나섰다.

아쿠아리움은 영화관에서 그리 멀지 않은 곳에 있었다. 데이트 명소라는
코엑스 아쿠아리움을 연애하면서 단 한번도 가 보지 못했기에 아들과 데이
트하는 것처럼 살짝 설레었다. 여름휴가 때 일본 오키나와에 있는 츄라우
미 수족관에서 눈을 동그랗게 뜨고 우리들 앞을 지나가는 상어고래를 쳐다
보던 아이의 모습이 떠올라 이번에도 즐거운 시간을 보낼 수 있을 거란 확
신을 하고 아쿠아리움으로 향했다.

하지만 봉은사와 수유실에서 워낙 시간을 지체해서 그런지 벌써 오후 4
시가 가까워지고 있었다. 조금 더 일찍 왔다면 아쿠아리움에서 요일마다
다르게 준비한 이벤트를 볼 수 있었을 텐데 아쉽게도 모두 끝났다고 했다.
다른 날 다시 올까 하다가 그냥 발길을 돌리기도 뭐해서 입장권을 구매했다.

하지만 더 큰 문제는 입장권을 산 후에 발생했다. 내 앞에 표를 산 이들
이 모두 매표소 한켠에 있는 유모차 보관소에 유모차를 두고 가는 것이 아

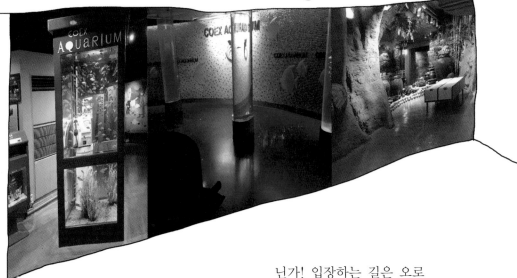

COEX AQUARIUM 아쿠아리움

닌가! 입장하는 길은 오로
지 에스컬레이터뿐이어서 유모차를 애와
함께 들고 올라가든가 아니면 두고 가야 한단다. 아기띠
대여는 가능하지만 유모차는 안 된다는 것이다. 가족 단위의 손님이 하루
에 적어도 몇 백 명이 방문하는 코엑스 아쿠아리움이 유모차에게 이렇게
모진 곳인지는 상상도 못했다.

애 아빠 없이 혼자 온 것이니만큼 사정을 설명하고 간신히 직원이 유모
차를 함께 들어 줄 수 있다는 대답을 받아 냈다. 에스컬레이터를 설치한 곳
옆에 유모차 한 대 지나가는 길을 만드는 것이 그리도 어려운 것인지.

첫 시작은 껄끄러웠지만 아쿠아리움은 소소한 재미가 있는 곳이었다.
'물의 여행'이라는 큰 주제 아래 우리나라에서 줄곧 살아온 토종 물고기들
을 보여 주는 곳도 있고 아마존 정글을 모티브로 꾸민 곳, 강과 바다가 이

어지는 공간, 바다의 꽃으로 불리는 산호와 열대어가 만들어 낸 아름다운 풍경에 주목한 전시 공간, 탁 트인 수족관이 인상적인 광장 등 각자 독특한 매력을 자랑했다.

그중에서도 아이가 직접 수중 생물을 만져 볼 수 있는 '마린 터치 연구소'와 물범과 매너티가 사는 '아름다운 해양 마을', 바닷속으로 잠수해서 들어온 느낌을 주는 '해저터널' 등은 무척 인상적이었다.

눈앞에서 물고기가 움직이고 평소에 보지 못했던 광경이 펼쳐지자 시각적인 자극에 민감한 아이는 눈을 동그랗게 떴다. 중간에 불가사리를 만져볼 수 있는 곳에서는 아이를 유모차에서 꺼내 안고 울퉁불퉁한 질감을 직접 느껴 보게 했다. 처음에는 무서워하다 신이 난 아이는 발을 방방 굴렀고, 그 모습에 저절로 미소가 지어졌다.

하지만 한 살도 안 된 아이의 집중력은 40분이 최대였다. 아이 상태가 좋을 때 최대한 많은 것을 보여 주고 싶어서 빠른 걸음으로 이동했지만 총 16개의 공간으로 이뤄진 아쿠아리움에서 12번째에 해당하는 '딥블루 광장'에 도착하자 아이는 졸음을 이기지 못하고 '딥슬립'에 빠졌다.

정어리 떼와 상어, 가오리 등이 거대한 수족관을 유유히 헤엄치는 아쿠아리움의 하이라이트를 보지 못하고 잠든 것이 무척이나 아쉬웠지만 곤히 자는 아이를 위해 유모차를 조심스럽게 끌며 다음 코스로 이동했다. 그 후에는 해파리, 펭귄 가족들을 볼 수 있는 전시 공간이 있었지만 혹여 아이가 깰까 싶어 길게 보지는 못하고 서둘러 나왔다.

출구에서도 유모차 박대는 이어졌다. 다행히 우리 애 말고도 유모차에서 잠이 든 아이가 또 있어서 그 아이 엄마가 "자는 애를 깨워서 에스컬레이터를 타란 말이냐."며 따진 덕분에 장애인용 리프트를 타고 밖으로 나올 수 있었다. 이때 직원은 '예외'라는 점을 강조했는데 아이 보호자가 강하게 항의하지 않으면 유모차 이용이 힘들다는 점은 이해하기 어렵다. 전시 내용은 좋았지만 이런 부분은 많이 아쉬웠다.

따라나서기

봉은사

봉은사는 신라 시대의 고승 연회국사가 794년에 창건한 사찰이다. 조선 시대에 들어 수도산 기슭, 현재의 자리로 옮기며 당시 불교계의 중심으로 자리잡았다.

조선 후기를 대표하는 문인 다산 정약용과 추사 김정희는 봉은사와 인연이 깊다. 추사는 말년에 봉은사에 오랫동안 머물며 화엄경 경판 조성 불사에 동참하기도 했다. 그가 남긴 글씨 가운데 최고이자 최후의 명작으로 거론되는 판전 현판 글씨를 남겼다.

사찰 내에 있는 미륵대불은 1만 명이 참여, 10년에 걸쳐 만들어졌는데, 우리나라에서 제일 크다. 고려 충혜왕 5년(1344년)에 만들어진 청동은입사 향완(보물 321호)은 표면에 제작 연대와 만든 사람들을 기술한 103자의 명문이 남아 있어 보는 사람들의 눈길을 끈다.

대웅전에 모셔진 목조석가여래 삼불좌상(보물 1819호)은 조선 효종 2년(1651년)에 당대 최고의 조각승인 승일 스님이 조성한 것으로 17세기 불교 조각을 이해하는 데 있어 아주 중요한 불상이라고 한다.

홈페이지 www.bongeunsa.org
가는 법 지하철 9호선 봉은사역 1번 출구로 나와 직진. 지하철 2호선 삼성역(6번 출구)도 이용할 수 있지만 도보로 15분 이상 걸어야 한다.
주차 최초 1시간 3천 원, 추가 10분당 500원

코엑스 아쿠아리움

물의 여행이라는 테마에 맞춰 고산지대부터 심해에 이르기까지 흐르는 물과 함께 하는 생물 전시가 꾸며져 있다. 수조는 총 220개이며 650여 종 4만여 마리의 생물이 전시돼 있다. 47개월 이하 유아는 보호자 1명의 관람료를 내면 무료로 입장이 가능하다.

아이와 단 둘이 갈 계획이라면 오랫동안 안고 있어도 허리에 무리가 가지 않는 힙시트를 착용하거나 접고 펴는 것이 용이한 휴대용 유모차를 활용할 것을 권한다. 코엑스몰에서 대여하는 디럭스급 유모차를 이용한다면 직원에게 꼭 도움을 요청할 것. 휠체어 리프트 이용을 요청하는 것도 방법이다.

홈페이지 www.coexaqua.com
유아휴게실 이용 가능
가는 법 지하철 2호선 삼성역에서 연결
주차 최초 30분 2,400원, 추가 15분당 1,200원. 아쿠아리움 이용객은 입차 후 3시간까지 50% 할인. 근처 탄천공영주차장을 이용해도 된다. 강남 탄천공영주차장은 2시간 2,400원, 송파 탄천공영주차장은 7시간 내 2,500원

용산 국립 중앙박물관

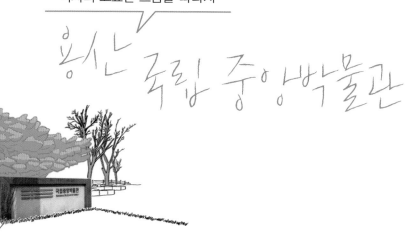

아이야, 어서 걸음마를 시작하렴

날씨가 제법 쌀쌀해졌다. 옷차림이 두꺼워지고 밤이 길어질수록 회사로 돌아가야 하는 날이 가까워졌다. 육아는 익숙해질 법도 했지만 하나의 미션이 끝나면 그 다음 미션이 주어지는, 상당히 까다로운 과업이었다. 하루하루 성장하는 아이의 속도를 따라잡는 것은 상사의 지시대로 기사를 적어내는 것보다 어렵고 복잡했다.

생후 8개월 즈음. 누군가는 이 시기가 가장 아이를 키우기 어려운 때라고 말했다. 아이가 제 마음 먹은 대로 움직일 수는 없으나 자아가 생기기 시작하면서 요구 사항은 많아지기 때문이라고 했다. 우리 아이도 그랬다.

가고 싶은 곳, 만지고 싶은 것은 너무 많은데 엄마는 '가만', '그 거 위험해.', '다른 거 하자.' 등 계속해서 하지 말라고 한다. 아이 입장에 서는 열불이 날 지경일 거다. 다행히 떼를 쓰는 단계는 아직 아니어서 다른 장난감이나 소리로 주의를 돌릴 수 있었다.

그리고 이때쯤 아이는 9kg이 넘어가기 시작하면서 내 팔로 안으면 묵직 한 느낌이 들 정도로 성장했고 그런 탓에 스스로 걸을 수 있는 돌 이후의 아이를 둔 엄마들이 부러워지기 시작했다.

문화센터에서 친해진 언니와 함께 용산의 국립 중앙박물관을 가기로 마 음먹은 날도 아직 걷지 못하는 아이를 둔 우리가 아장아장 걷는 아이와 손 잡고 가는 어떤 엄마를 보며 "좋겠다."를 연발했던 기억이 난다.

이 시기의 육아가 이전보다 더 까다로워지는 이유는 이유식에도 있었다.

이유식은 아이와 함께 외출할 때 고민거리가 될 때가 많다. 차라리 어른이 먹는 밥을 먹을 수 있는 나이라면 외식을 하면 되겠지만, 이유식을 상하지 않게 보관하고 또 그걸 때에 맞춰 데워 먹이는 일은 만만치 않다. 그래서 이 시기에 많은 엄마들이 '육아의 난이도가 최고조에 달한다.'고 말하고는 한다. 돌이 지나면 괜찮아진다는 선배 엄마들의 조언을 새기면서 '버티기'에 돌입하는 시기이기도 하다.

아무튼 우리는 학창 시절에나 가 봤던 박물관에 각자의 아이를 데리고 갔다. 아직 걷지도 못하는 아이를 데리고 가기엔 살짝 이르다 싶었지만 앞서 남편과 함께 방문했을 때 주말이었는데도 사람이 별로 없는 데다 관람료가 무료라는 것, 수유실이 깨끗했다는 점 등이 좋은 기억으로 남아서 다시 도전하게 되었다.

무엇보다 지역 맘카페에서 아이를 데리고 가도 괜찮은 곳으로 언급되었다는 점이 이곳을 외출지로 정하는 데 영향을 미쳤다. 맘카페는 엄마들이 육아나 지역 생활에 관련된 정보를 교환하는 온라인 커뮤니티이다.

폐관 무렵에는 더욱 여유 있는 관람을

남편하고 함께 갔을 때는 폐관을 앞둔 늦은 저녁이어서 우리 가족은 영화 〈박물관이 살아났다〉의 주인공처럼 아무도 없는 전시관을 마음대로 돌아다녔다. 꼭 진행 방향으로 보지 않아도 상관없었다. 내키는 전시관을 골라 들어가 마음에 드는 전시품 앞에서 시간을 얼마든지 보내도 되는 그런

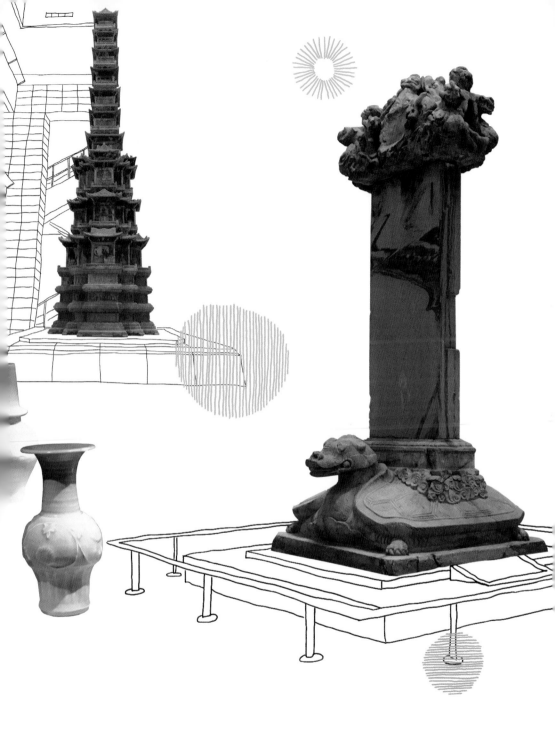

여유를 한껏 즐겼다. 유모차에 탄 아이가 소리를 지르든 낑낑거리든, 주위 사람들에게 미안해할 필요가 없었다는 점이 제일 편했다.

특히 우리는 자기를 전시해 둔 곳에서 꽤 긴 시간을 보냈는데 독특한 색감과 섬세한 무늬로 눈길을 사로잡는 고려청자를 비롯해 신안선 발굴 덕에 잠에서 깨어난 유물들을 살펴보는 일은 꽤나 즐거운 경험이었다.

신안선은 중국의 경원에서 일본 교토로 향하던 배였으나 전남 신안 앞바다에서 좌초하는 바람에 싣고 있던 값비싼 물건들도 바다에 수장되었다고 한다. 만약 평일에 도저히 이곳을 방문할 수 없는 상황이라면 폐관을 앞둔 시간에 가는 것을 추천한다.

하지만 나와 언니는 평일 낮에 만났기 때문에 아이가 내지르는 소리에 상대적으로 둔감한(?) 국립 어린이박물관을 목적지로 삼았다. 적어도 걷거나 뛰어다니는 아이들을 데리고 가는 것이 좋다는 후기도 읽었지만, 일정 수준 이상의 시각적인 자극만으로도 떼를 쓰거나 신경질을 내는 시간이 많이 줄기 때문에 우리는 아이들을 유모차에 태워 데려갔다.

본격적인 관람을 하기 전에 수유실에 들렀다. 국립 중앙박물관이 용산에 자리한 시기는 2005년이라고 하는데 수유실은 최근에 단장했는지 무척 깨끗하고, 집기도 모두 새것이었다. 아이가 누워서 기저귀를 가는 기저귀 교

환대도, 천장에 달린 모빌도 깔끔하고 관리가 잘 되어 있었다. 정수기도 있고 모유 수유 하는 엄마를 위한 장소도 쾌적했다. 잠든 아이를 눕힐 수 있는 침대도 있었다. 다만 모유 수유 공간은 넓지 않은 편이고 한 사람이 들어가면 차례를 기다려야 한다.

아쉬운 점은 이유식을 데울 전자레인지가 수유실 안에 없다는 것. 안내문에는 근처에 있는 유모차 대여소로 와서 이유식을 데워 달라고 요청하면 된다고 적혀 있었다. 아마도 전자레인지를 다른 용도로 쓰는 사람도 많고, 지저분해지기 쉬워서 구비를 하지 않은 것이 아닐까 싶었다. 나는 분유를, 함께 간 언니는 이유식을 아이에게 줬다. 맘마를 먹인 후 기저귀를 갈고 어린이박물관이 있는 쪽으로 이동했다.

다양한 놀이와 체험 가능

입구에서 표를 확인하는 직원이 아이를 보고 "아이고, 아기들이 너무 어리네~ 아쉽네, 어쩌나."라고 하기는 했지만 이왕 온 것, 재미있게 즐겨 보자는 마음을 먹었다. 이곳은 아이들이 어렵게 느낄 수 있는 역사적 지식을 직접 만지고 듣고, 느끼며 이해할 수 있도록 배려한 공간이었다. 이를테면, 신석기, 청동기, 철기 시대의 토기에 대해 말로 설명하고 끝나는 것이 아니라 유물의 모형을 아이들이 직접 만지면서 몸으로 기억하게 해 주는 식이다. 한옥을 짓는 방법을 설명하는 곳에서는 기와 모형을 만지고 쌓아 볼 수 있게 한다든지, 청자를 설명하며 모형 가마를 만들어 아이들이 그

속으로 들어가게끔 유도한다든지 하는 식으로 놀이와 체험에 터 잡은 전시 공간이었다.

유모차에 앉아 있다 칭얼거리는 통에 아기띠로 안았던 아이도 손을 힘껏 뻗어 기와를 만져 보고, 형과 누나들이 열광하는 토기 쌓기 놀이에도 도전했다. 물론 엄마의 손길이 없다면 시도조차 어려웠겠지만 신기한 것들이 많아 신나는 눈치였다.

전시장에는 유치원생으로 보이는 아이들이 단체로 관람을 하고 있어 상

초보 엄마 숨통 터지는 유모차 여행

당히 시끄러운 편이었는데, 새로운 자극에 정신이 팔려 있던 아이는 관람 순서의 절반 정도를 돌고 나자 그 소란 중에서도 깊은 잠에 빠져들었다. 함께 간 언니의 아이도 마찬가지.

잠든 아이를 안고 나머지를 마저 관람했다. 함께 보았다면 더욱 좋았을 곳이 많았다. 입장 시 동선대로 이동하다 보면 마지막으로 접하는 곳은 특별전 구역이다. 이날 전시 주제는 '선비, 금강산을 가다'였다. 역사 유물 가운데 금강산을 주제로 한 작품을 설명하면서 시청각 자료를 적극적으로 활

용한 전시였는데, 어른인 내가 보기에도 흥미진진했다. 특히 옛 사람들이 금강산을 주제로 쓴 시나 그림 등이 최첨단 디스플레이에서 멋들어지게 보여지는 것은 오래 기억에 남았다. 한 가지 아쉬운 점이 있다면 입장했을 때 들었던 이야기대로 아이가 너무 어려서 신나게 뛰어 놀지 못하고 유모차나 띠에 갇혀 있었다는 것이다. 아장아장 걷는 시기의 아이라면 충분히 즐길 수 있을 것 같다.

이런저런 아쉬움을 뒤로하고 어린이박물관을 나선 우리는 조용한 곳을 찾았다. 잠이 든 아이들을 충분히 재운 후 이동할 생각이었다. 지난번에 왔을 때 3층 구석에 있던 전통찻집이 떠올랐다. 어린이박물관이나 기념품 가게 근처의 푸드코트는 사람도 많고 시끌시끌했지만, 이곳은 사람들이 자주 들르는 구역은 아니어서 조용했다. 우리 외의 손님 역시 아이를 데리고 온 아기 엄마들이었다.

겨우 3층이었지만 박물관의 높은 층고 덕분에 탁 트인 시야를 마음껏 누릴 수 있었다. 눈앞에는 시원한 겨울 하늘이 펼쳐져 있고, 맛있는 차와 디저트가 함께했다. 아이는 천사처럼 잠을 자고 있었다. 이토록 행복한 순간이라니, 잊지 않기 위해 이곳에 유물을 남긴 선조들처럼 기록을 남기고픈 그런 날이었다.

초보 엄마 숨통 터지는 유모차 여행

따라나서기

국립 중앙박물관 & 국립 어린이박물관

지난 2005년 용산에 새로 터 잡은 국립 중앙박물관은 30만여 점에 달하는 유물을 소장하고 있는 세계적인 규모의 박물관이다. 선사 · 고대관과 중 · 근세관, 아시아관 등 총 6개의 상설전시관이 있으며, 기획특별전시실도 함께 운영한다. 내부에 국립 어린이박물관과 야외 전시장이 별도로 있다. 상설전시관과 어린이박물관 관람은 무료이며, 기획특별전시는 유료(무료 기획전시는 제외)이다. 어린이박물관은 하루에 총 6번에 걸쳐 300명씩 입장 제한을 하므로 관람 희망자가 몰리는 방학 때는 인터넷으로 사전 예약을 해야 한다.
국립 중앙박물관에서는 어린 아이를 데리고 오는 관람객들을 위해 도슨트(전시 안내) 프로그램을 운영하기도 하는데, 상시 운영되는 것은 아니기 때문에 출발하기 전에 문의해야 한다.

홈페이지 www.museum.go.kr
운영시간 화 · 목 · 금요일 09:00~18:00, 수 · 토요일 09:00~21:00(어린이박물관은 매월 마지막 주 수요일만 연장 개관), 일요일 · 공휴일 09:00~19:00. 매주 월요일과 1월 1일 휴관
유아휴게실 침대, 기저귀 교환대 등 이용 가능. 전자레인지는 유모차 대여소에 문의
유모차 대여 3층(로비층) 으뜸홀 매표소 주변 안내소에서 신분증을 맡기면 대여 가능하다. 안내소 옆에는 코인락커와 수유실, 화장실도 함께 붙어 있다.
가는 법 지하철 4호선 · 중앙선 이촌(국립중앙박물관)역 2번 출구. 유모차로 이동 시 2번 출구(엘리베이터)
주차 기본 2시간 2천 원, 추가 30분 당 500원. 주말과 휴일에는 대중교통 권장

서울의 밤은 낮보다 아름다워

반포 한강공원
& 세빛섬

서울의 상징 한강을 보여 줄게

천만 명이 터 잡아 사는 서울이라는 대도시, 이곳을 상징하는 장소는 어디일까. 서울N타워? 경복궁? 여러 곳이 거론될 수 있겠지만 나는 제일 먼저 한강을 꼽고 싶다. 강원도 태백의 검룡소에서 시작해 서해 바다에 이르기까지 520km를 흐르고 흘러 수많은 이들에게 삶의 원천인 물을 공급하고 있는 한강. 이곳은 서울 시민에게 너무나도 평범하고 익숙한 공간이지만 찬찬히 뜯어볼수록 매력이 넘치는 곳이다. 특히 늦은 밤에는 낮 시간에 보이던 들쭉날쭉한 고층빌딩의 실루엣이 어둠 속으로 모습을 감추면서 서울은 우아한 얼굴로 탈바꿈하는데, 한강 역시 유유히 흐르는 강물 위에 비치는 불빛으로 단장하고 낮과는 전혀 다른 장면을 연출한다.

아이와 나들이에 나선 겨울의 어느 날 역시 낮과 밤, 시간에 따라 전혀 다른 얼굴로 사람들을 맞이하는 한강을 확인할 수 있었다. 12월 초순이었지만 따뜻한 겨울이 계속된 탓에 매서운 강바람이 살짝 주춤한 날이었다. 그다지 춥지 않은 날씨에 힘을 얻어 아이와 함께 길을 나섰다.

집 근처에 잠수교로 향하는 버스가 있어서 가는 길은 어렵지 않았다. 저상버스 시간에 맞춰 나온 덕분에 방한 커버를 씌운 휴대용 유모차로 이동하는 것도 그럭저럭 할 만했다. 버스에 탄 누구도 눈치 주지 않았지만 오르고 내리기 전에 살짝 긴장하는 것은 어쩔 수 없는 엄마의 마음인가 보다. 혹시 걸려 넘어지지 않을까, 한 번에 내릴 수 있을까⋯⋯. 하지만 한두 번 해 보면 자신감이 생겨서 어디든 휴대용 유모차를 끌고 나가게 되는 것 같다.

아이 돌보느라 땀을 흘리는 운동을 한 기억이 전무했기에, 잠시라도 걸어야겠다는 생각으로 무턱대고 강을 따라 만들어진 산책로를 걷기 시작했다. 세빛섬을 등지고 동쪽으로 걷기로 했다. 길에는 가끔 조깅을 하는 사람

들도 보이고, 자전거를 타고 줄지어 가는 이들도 있었다. 방학이라 강아지를 산책시키러 나온 인근 지역의 학생들도 눈에 띄었다. 주말이나 휴일만큼 붐비지는 않았지만 혼자 걷는 것이 외롭거나 무섭지는 않을, 딱 그 정도의 한산함이었다. 잘 정돈된 길 옆에는 갈대가 내 어깨에 닿을 높이로 자라 있었다. 간간히 불어오는 강바람에 흐느적거리는 갈대를 보면서 아이에게 "갈대랑 억새가 뭐가 다른지 알아? 강이나 습지에 살면 갈대고 산이나 들판에 있으면 억새래." 같은 이야기를 하며 천천히 발걸음을 옮겼다.

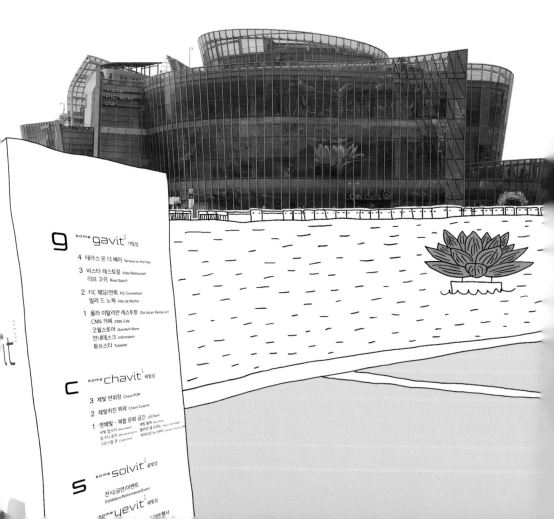

한 10분 정도 갔을까, 방향을 반대로 돌려 세빛섬으로 가기로 했다. 따뜻한 차를 마시고 싶어진 데다 아이가 오줌을 눠 기저귀를 갈아야 했기 때문이다. 되짚어 오는 길에 연을 날리는 남자 아이들도 봤고, 잠수교 밑을 반바지 차림으로 달리던 외국인도 마주쳤다. 아이는 그 어떤 이들보다 형형색색의 쫄쫄이 바지를 입고 자전거를 타던 동호회 사람들을 신기해했다. 그들이 탄 자전거에서 나는 쉭쉭, 찌릉찌릉 하는 소리 때문인 듯했다.

　세빛섬은 물 위에 떠 있을 수 있는 부체 위에 건물을 지은 플로팅 아일랜드로, 총 세 개의 섬 형태의 건물(가빛, 채빛, 세빛)과 미디어 아트 갤러리 예

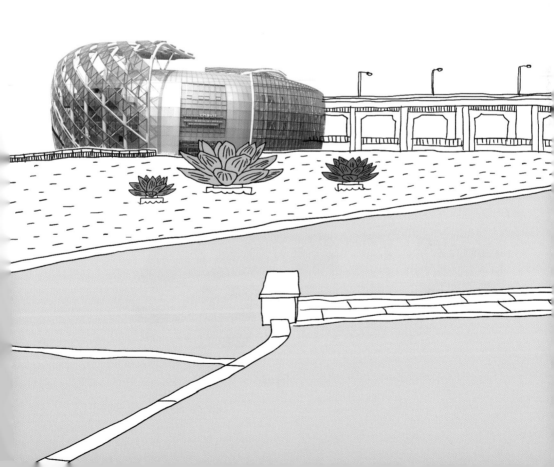

빛으로 이뤄져 있다. 이곳은 영화 〈어벤져스〉의 촬영 무대로 선정되는 등 나름 강남권의 관광 명소로 뜨고 있지만, 사실 처음 한강에 관광 명소인 인공섬을 만들겠다고 할 때만해도 눈살을 찌푸리는 사람들이 많았다. 실제로 한동안 임대가 되지 않아 텅텅 빈 채로 세금을 낭비하고 있다는 지적에 이 건물을 지은 전 서울 시장이 검찰 조사를 받기도 했다.

수유실에서의 일을 마치고 가빛섬의 카페에서 따뜻한 차를 한 잔 들고 나와 고속터미널역까지 가는 셔틀버스를 탔다. 버스는 12인 정도 탈 수 있는 승합차여서 유모차를 접어야만 탑승이 가능했다.

다시 반포 쪽으로 나온 이유는 아이와 함께 식사를 하기 위해서였다. 세빛섬에는 고급 레스토랑 위주라 혼자 먹는 것에 익숙한 나로서도 살짝 부담스러웠다. 차라리 이럴 때는 백화점 푸드코트처럼 사람들이 많고 좌석이 빠르게 회전하는 곳이 마음이 편하다. 그리고 좁은 세빛섬 수유실보다는 백화점이나 쇼핑몰 수유실이 훨씬 이용하기도 편하고.

셔틀버스에서 내려 센트럴시티 지하의 식당가로 향했다. 유명 맛집을 한데 모아 두었다는 이곳 식당가는 식사 때가 아니어도 항상 북적북적하다.

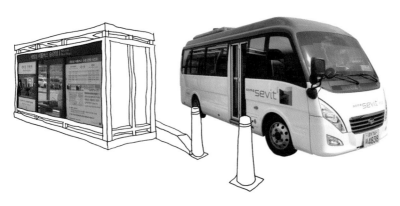

초보 엄마 숨통 터지는 유모차 여행

아이를 둔 엄마에게 가장 편한 장소는 식당가의 시계탑 앞 넓은 공터다. 스테이크 가게와 프랑스 가정식 가게 사이에 있는 이 테이블(시계탑을 등지고 왼편)은 어떤 가게도 신경 쓰지 않는 곳이어서 식당가에서 파는 김밥이나 만두, 피자 등 간단한 음식을 가져와 편하게 먹을 수 있다. 급할 때는 바로 위층 백화점 수유실도 이용할 수 있다는 점에서 추천할 만하다. 문화센터에서 수강하는 엄마들은 2층 키즈카페 앞의 테이블도 자주 활용하는 듯했다.

뜻하지 않게 마주친 한강의 야경

그렇게 집으로 돌아오자 하루가 금방 지났다. 하지만 집에 와서 엄청난 실수를 저질렀음을 알아차렸다. 출산 직후부터 줄곧 써 왔던 기저귀 파우치를 잃어버린 것이다. 맙소사! 출산 후에 사람 이름이 잘 생각이 나지 않더니만 이제는 소지품을 잃어버린 것도 이렇게 늦게 알아차리다니. 충격이었다. 친정 엄마는 물건을 잘 잃어버리게 된 내게 '아이를 잘 챙겨서 집에 오는 것이 신기할 따름'이라는 무서운 말씀을 하실 정도였는데 또 물건을 잃어버리다니 씁쓸하기 그지없었다.

기억을 더듬고 더듬어 가빛섬 수유실에서 파우치를 꺼냈던 것을 생각해 냈다. 부글부글 속이 끓어올랐지만 누굴 탓하랴. 택시를 잡아타고 부랴부랴 도착한 세빛섬 수유실에는 다행히 파우치가 그대로 있었다.

한숨 돌린 후에야 어둠이 내린 한강의 아름다운 모습을 즐길 수 있었다. 시시각각 형형색색의 빛깔로 옷을 갈아입는 세빛섬을 넋을 놓고 바라보다

가 마주 오는 사람과 부딪힐 뻔도 했다. 세빛섬 외에도 강 위에 떠 있는 연꽃 조명, 크리스마스를 앞두고 세빛섬 입장로를 수놓은 눈꽃 조명 등이 무척이나 아름다워서 감탄이 절로 나왔다.

패딩 우주복 속에 폭 싸인 채 내게 안겨 있던 아이는 금방이라도 말을 할 것처럼 "오-오-, 우우 냐냐!"라는 뜻 모를 소리를 내지르며 손가락으로 연신 반짝이는 불빛을 가리켰다. 집에서 천장에 매달린 조명을 바라볼 때마다 했던 행동이 까만 밤하늘을 수놓고 있는 불빛을 보고 똑같이 나와 한참을 웃었다.

해가 떨어진 후라 강바람이 낮과는 달리 살을 엘 정도로 차가웠지만, 아이와 함께 잠시라도 이 아름다움을 기억하고 싶었다. 아이가 처음 마주한 반짝반짝 빛나는 겨울밤의 매력. 회색빛으로 가득한 서울의 낮은 절대로 보여 줄 수 없는 또 다른 얼굴이었다.

반포 한강공원

반포 한강공원은 반포대교(잠수교)를 중심으로 상류는 한남대교, 하류는 동작대교 사이 강변 남단과 맞닿아 있다. 반포 한강공원에서 반포대교 교량 양쪽에 설치된 달빛무지개분수는 정해진 시간에 여러 빛깔의 조명과 노래가 어우러진 모습을 연출한다. 다만 전력 상황이 좋지 않거나 물이 부족한 때, 추운 겨울에는 중단된다.
서래섬은 유채, 메밀 등이 심어져 있어 꽃이 피는 시기에는 서래섬을 일주하는 산책 코스도 인기가 높다.

홈페이지 hangang.seoul.go.kr/park_banpo
가는 법 지하철 3, 7, 9호선 고속터미널역에서 도보 15분 거리. 신세계백화점과 고속터미널 건물을 등지고 반포대교로 진입하는 고가도로 방면으로 걸을 것.
　　　　6번 출구에서 세빛섬 셔틀버스 이용 가능한데, 유모차가 있다면 1번 출구(엘리베이터 있음)로 나와 서울 성모병원 쪽으로 직진하여 6번 출구로 가는 것이 편하다.
　　　　버스 이용 시 반포 한강공원, 세빛섬 정류장(22-404)에서 하차. 단, 반포대교 남단 한강시민공원 입구(22-382) 정류장에서 내릴 경우 지하도로 7분 정도 걸어야 한다.
주차 반포 1, 2, 3 주차장 이용. 홈페이지에서 각 주차장의 위치와 내비게이션용 주소를 확인할 수 있다. 주차비 최초 30분 1천 원, 이후 10분 당 200원. 일요일을 포함한 공휴일에는 무료 주차

세빛섬

'한강의 꽃'을 주제로 삼은 서로 다른 기능의 3개의 섬(가빛·채빛·솔빛섬)으로 이뤄진 세빛섬은 물 위에 떠 있을 수 있는 부체 위에 건물을 짓는 플로팅 공법으로 탄생한 인공섬이다. 반포대교에서 바라봤을 때 꽃잎처럼 건물 외벽이 겹겹이 쌓여 있는 곳이 가빛섬. 그 옆 둥그런 실루엣 건물이 채빛섬이다. 완공 이후 총체적 부실 사업으로 낙인찍히면서 수년간 방치되어 있다가 2014년에 이르러서야 민간 기업이 운영을 맡아 개장했다.
하절기 반포대교에서 무지개분수쇼가 진행될 때 특히 방문객이 많다. 밤에는 섬 둘레에 설치된 발광다이오드(LED) 조명이 안개 속에 핀 등불을 형상화해 아름다운 빛깔로 번쩍이는 것도 볼 만하다.

홈페이지 www.somesevit.co.kr
유아휴게실 가빛섬 1층

N서울타워 & 남대문 아동복 상가

탁 트인 하늘과 빌딩숲을 한눈에

얼굴을 스치는 바람은 여전히 매섭고 차갑지만 햇살만큼은 봄이다. 그
늘을 벗어나면 따뜻하고 포근한 봄이 슬며시 다가왔다. 앞으로 꽃샘추위가
몇 번은 지나야 완연한 봄을 느낄 수 있겠지만, 다시 새로운 계절이 시작되
었다는 느낌만으로도 마음은 설레었다.

겨우내 주로 집에 머물렀던 아이는 틈만 나면 나가고 싶어 했다. 걸음마
를 연습하는 시기라 활동량이 많아졌는데 아무래도 집에서 노는 것은 한계
가 있기 때문인 것 같았다. 손가락으로 자신이 가고 싶은 방향을 가리키거
나 현관에 보관하는 유모차로 다가가 매달리는 등 다양한 방식으로 밖으로

나가고픈 마음을 드러냈다.

　그런 와중에 육아 환경은 크게 달라졌다. 해가 바뀌면서 육아 휴직이 끝났기 때문이다. 최소 일주일에 한 번은 집 근처 공원이나 문화센터로 함께 외출했던 엄마가 아침 일찍 출근해 밤늦게 돌아오는 상황이 되자 아이는 매일 답답증을 호소했다.

　갑갑해 하는 아이를 보는 게 안타까워서 평일에 대체 휴가를 쓰기로 했다. 어딜 가 볼까 고민을 거듭하다가 '봄의 불청객' 황사가 찾아오기 전에 가 보면 좋을 곳으로 결정했다. 탁 트인 하늘과 서울 시내의 빌딩 숲을 한눈에 볼 수 있는 남산이 바로 그곳이다.

　행선지가 정해졌으니 이제 남은 일은 짐 싸기. 솔직히 신생아 때는 왕초보 엄마여서 집 밖에서 일어날 일에 모두 대응할 수 있는 만반의 준비(아이

보다 아이 짐이 더 무거웠음)를 갖췄지만 아이가 11~12개월 정도 되자 핵심적
인 용품만 챙겨도 별 문제가 없었다. 대신 기저귀와 끼니마다 먹을 이유식
(혹은 간식) 그리고 연약한 아기 피부를 보호해 줄 유아 전용 자외선차단제
만큼은 꼭 챙긴다.

　이날도 바람은 싸늘했지만 햇빛만큼은 봄에 가까워서 아이 얼굴에 꼼꼼
히 자외선 차단제를 바르고 길을 떠났다. 요즘 쓰는 건 쿠션 타입으로 만들

어진 제품이다. 마치 아이에게 화장이라도 시키듯 쿠션으로 바르기 때문에 손에 묻지 않는 데다 백탁 현상도 없어 마음에 든다.

신통한 제품으로 완전 무장(?)한 아이와 함께 남산 방향으로 가는 버스를 탔다. 멀리 한국은행이 보이는 남산3호터널 정류장에서 내린 후 뒤돌아 터널 출구 방향으로 5분 정도 걸으니 케이블카 매표소로 바로 연결해 주는 '남산오르미 승강기'가 보였다. 이 승강기는 유리로 되어 있어서 매표소까지 올라가며 천천히 남대문시장과 소공동 방면을 구경할 수 있다.

엘리베이터 앞에는 서울 관광에 나선 외국인들이 제법 많았다. 아이는 방풍 커버를 씌운 유모차 안에서 처음 보는 풍경이 낯선 듯 이리저리 쳐다보고 있었다. 유모차를 끌고 승강기를 타는 것은 어렵지 않았지만 사람들이 몰리는 주말에는 불편할 수 있겠다는 생각이 들었다.

2~3분 정도면 남산 중턱에 있는 케이블카 매표소에 도착한다. 아직 아이는 어려서 입장료를 낼 필요가 없었는데, 보호자 1인당 36개월 미만의 아기 1명은 무료로 케이블카 탑승이 가능하다.

아이는 유모차에서 나와 밖을 돌아다니고 싶은지 칭얼댔다. 달래 보려고 애를 썼지만 나중에는 사람들이 많은 곳에서 신경질적인 소리를 내는 바람에 비상용으로 가져온 아기띠로 아이를 안고 유모차는 따로 끌고 가기로 했다. 출산 전에는 아기 엄마들이 왜 유모차가 있는데도 힘들게 아이를 안

케이블카 매표소 건물에 있는 가족도우미실.
이건 수유실이 아닌, 차라리 화장실이었다.

고 있나 의문을 가졌던 적이 있다. 아이의 변덕이란 어른이 예측할 수 없다는 점을 체득한 후부터는 유모차와 띠를 함께 활용하고 있는 아기 엄마를 보면 진한 동지애가 느껴질 정도다.

띠로 안아도 아이는 계속 보챘다. 살짝 콧물이 나는 것 같기도 해서 따뜻한 분유를 먹이고자 매표소 건물 2층에 있는 '가족도우미실'로 향했다. 하지만 그곳에 도착하자 한숨부터 나왔다. 수유실을 상상했지만 아이를 안고 수유를 할 수 있는 공간이라기보다는 변형된 화장실에 가까웠다. 당혹스러웠지만 아이를 진정시킬 겸 기저귀도 갈고, 분유도 줬다. 장애인 화장실을 활용해 만든 '눈가리고 아웅'에 가까운 가족도우미실에 부아가 났지만 표를 이미 산 마당에 집으로 바로 돌아가기도 애매했기 때문이다.

유모차에겐 험난한 여정

배를 채운 아이는 다시 기분이 좋아졌고, 우리는 10분 간격으로 운행되는 케이블카를 타기 위해 줄을 섰다. 그런데 다른 문제가 앞을 가로막았다. 유모차로 이동하기에 동선이 까다로웠던 것이다. 단차가 있는 승강장 구조상 유모차로 편하게 이동하는 것은 쉽지 않았다. 만약 띠를 가져가지 않았다면 낭패를 볼 뻔했다. 직원은 케이블카에 타고 내릴 때 따로 요청하면 유모차나 휠체어 등이 편하게 움직일 수 있는 이동 통로를 열어 준다고 했지만, 사람이 별로 없었던 평일임에도 그들이 먼저 나서서 "여기로 가시죠."라고 친절을 베풀지 않았다. 줄을 한 시간 이상 서야 하는 주말이나 공휴일

이라면, 1층부터 3층까지의 계단에 내내 서 있어야 할지도 모르겠다.

아무튼 유모차는 어깨에 메고 아이까지 안고 가려니 허리와 다리가 후들거렸다. 직원에게 부탁해 유모차를 맡겨 둘까도 생각했지만 일이 더 번거로워질 거 같아서 그냥 이고지고 가기로 했다. 다행인 것은 평일이라 오래 줄을 설 필요가 없었다는 점이다.

얼핏 봐도 50명은 탈 법한 남산 케이블카는 3분 정도 걸려 매표소와 N서울타워가 있는 전망대까지 올라간다. 아이는 조용히 잘 있다가도 반대편에서 마주 오는 케이블카와 서로 살짝 지나칠 때 느껴지는 진동과 끼-끽- 하는 소리에 놀랐는지 표정이 일그러졌다. 썰매를 처음 태워 줬을 때 무서워하며 대성통곡하던 것보다는 덜했지만 살짝 불안해하는 것 같았다. 밀폐된 공간에서 애가 울면 민폐이니 필사적으로 관심을 다른 곳으로 돌리려 노력했다. 물론 그 와중에도, 30대가 되도록 남산 케이블카를 타 보지 못한 '서울 촌뜨기' 엄마는 눈앞에 펼쳐진 남산의 풍경을 놓치지 않으려 안간힘을 썼다.

하차장에 내리자 또 다른 관문이 기다리고 있었다. N서울타워와 팔각정이 있는 곳까지 올라가려면 수십 개의 계단을 올라가야 하는 것이다. 이건 못 하겠다 싶어서 직원에게 물어보니 다행히 일반 승객들은 접근하지 못하는 유모차 이동 통로가 따로 있었다. 아이를 유모차에 태워 왔다면 무조건 이 통로를 이용해야 할 것 같다. 계단은 경사가 가파른 편이어서 넘어질 위험이 높아 보였다.

우여곡절 끝에 N서울타워 앞까지 도착하니 탁 트인 풍광이 눈앞에 펼쳐졌다. 산과 하늘이 만들어 낸 시원한 풍광에 가슴까지 뻥 뚫리는 듯했다. 1인당 1만원의 요금을 받는 전망대까지 올라갈 생각은 없었기에 아이와 찬찬히 타워 주변을 둘러봤다. 스페이드 모양 열쇠 묶음 앞 벤치에 앉아 푸르른 하늘과 여기저기서 들리는 카메라 셔터 소리를 들으니 힘들게 이곳까지 찾아온 보람이 있다는 생각이 들었다. 하지만 바람이 강하게 불기 시작해서 서둘러 내려갈 준비를 했다. 돌아오는 길은 다시 케이블카를 이용했다.

초보 엄마 숨통 터지는 유모차 여행

시내 도로로 내려오자마자 유모차를 다시 펼쳤다. 그 사이 품에서 잠든 아이를 유모차로 옮겨 태웠다. 그대로 집으로 돌아갈까 생각했다가 아이 백일 무렵 가 본 적이 있는 아동복 상가에 들르기로 했다. 아동복 상가 내부는 복잡해서 유모차로 이동하는 것은 불가능하거니와, 유모차를 끌고 다니는 것도 체력적으로 힘들어서 근처 백화점 물품보관소에 맡기고 쇼핑에 나섰다.

이곳 아동복 상가는 100여 개 업체가 층마다 바투 붙어 있어서 마음에 드는 옷을 고른 후 '다른 곳 보고 올게요.' 하고 길을 나서면, 처음의 그곳을 찾아가기가 무척 어렵다. 따라서 가게의 대략적인 위치나 번호를 기억해

두는 것이 좋다.

1층을 방문하는 사람들이 제일 많지만 2, 3층에도 개성 있는 가게가 있다고 하니 가기 전에 인터넷에서 검색을 한 후 미리 갈 곳을 찜하는 것이 효율적이다.

특히 하계휴가 기간(8월 중순)을 앞두고 60~80%의 세일을 진행하기 때문에 이때를 노려 득템을 하는 것이 좋다. 처음 이 상가를 방문한 때가 하계휴가 하루 전이어서 여름옷 상하의 세트를 6천 원에 샀는데, 아직도 그 짜릿한 맛을 떠올리면 흐뭇하다. 하지만 세일 시즌이 아니면 할인 폭이 크지 않고 인터넷 쇼핑으로도 충분히 구할 수 있는 제품들이기 때문에 무조건 와야 할 곳이라고 추천하기는 어렵다.

상가 안으로 들어가자 아이는 자기가 입을 옷이라는 것을 알았는지 '으어' '어' '엄므' 등 다양한 소리를 쏟아 내며 관심을 표했다. 벽에 걸려 있는 옷을 보고 소리를 지르기도 했고 띠에 갇혀 있기 싫었는지 자꾸 빠져 나오려고 해서 애를 먹었다. 그러다 보니 쇼핑을 하기보다는 아이 치다꺼리를 하느라 정신이 없었다.

체력이 급격히 떨어지며 집으로 돌아가고 싶어졌다. 때마침 아이 컨디션도 다시 나빠지는 듯해서, 급히 백화점으로 돌아와 유모차를 가지고 집으로 향하는 택시를 탔다. 백화점 지하에서 저녁 찬거리까지 사 가지고 집으로 돌아가겠다는 야심찬 계획은 역시 머릿속으로만 가능한 코스였다.

그래도 집으로 돌아가는 길이 힘들지 않았던 것은 사랑스런 아이와 살을 부비며 원 없이 뽀뽀를 해 줄 수 있는 시간이 주어졌기 때문이었다. 역시 육아란, 공짜가 없다.

초보 엄마 숨통 터지는 유모차 여행

따라나서기

N서울타워

흔히 '남산타워'라 부르는 이곳은 서울을 상징하는 관광 명소이자 전망대다. 일제 강점기 시절 조선신궁이 있던 자리에 지난 1975년 완공된 N서울타워에는 전망대뿐 아니라 전시관과 기념품점, 식당과 카페 등이 설치돼 있다.

타워 앞 야외 플라자에는 테라스 카페와 햄버거 레스토랑, 티켓 부스 등이 있으며 타워 로비층에는 안내데스크와 수유실, 화장실, 기념품숍 등이 갖춰져 있다. 타워층으로 올라가면 뷔페 레스토랑과 기념사진 촬영 스팟, 전망대 등이 있으며 최고층에는 48분마다 360도 회전하는 프렌치 레스토랑이 있다. 최근에는 전망대 티켓과 서울타워플라자 내 식당을 함께 이용할 수 있는 패키지 상품이 나와 저렴한 이용이 가능하다.

N서울타워의 아랫부분에 들어선 서울타워플라자는 아날로그 방송 송출을 위해 사용했던 공간이었지만 디지털 방송이 시작한 이후 개조해 2016년 초 일반에 공개됐다. 외부를 모두 유리로 감싸 한강이 흐르는 서울의 모습을 살펴볼 수 있다. 전망대 티켓을 구입하지 않더라도 아름다운 서울 야경을 볼 수 있어 점차 입소문을 타고 있다.

홈페이지 www.nseoultower.com
가는 법 서울 지하철 3호선 동대입구역 6번 출구로 나와 뒤돌아 국립극장 쪽으로 올라가다 보이는 버스 정류장에서 남산 순환버스 02, 03, 05번 이용. 동대입구역 외에도 02번 버스는 지하철 3, 4호선 충무로역, 05번 버스는 지하철 3, 4호선 충무로역, 지하철 6호선 청구역과 신당역, 03번 버스는 지하철 1, 4호선 서울역, 6호선 이태원역과 한강진역, 3, 6호선 약수역 등에서도 탑승할 수 있으니 노선도를 확인하자.
서울시티투어버스로 갈 수도 있다. 도심순환, 고궁, 야경 등 3가지 코스로 서울을 돌아다니는 이 버스는 광화문 동화면세점(5호선 광화문역 6번 출구) 앞에서 탑승한다.
주차 남산케이블카 주차장, 국립극장 주차장 등 이용 가능

남대문 아동복 상가

남대문 아동복 상가는 신세계백화점 본점과 메사 빌딩 사이 골목에 있다. 지하철로는 4호선 회현역 6번 출구가 제일 가깝다.
지하철 출구에서 나와 걷다 두 번째 골목에서 우회전하면 아동복 상가들이 모여 있는 길에 진입할 수 있다.
부르뎅, 크레용, 포키, 마마 등 알록달록한 간판이 보이는 곳이 아동복 상가다.

고요 속 흩날리는 벚꽃

국립 서울현충원

한적한 봄꽃 명소 어디일까

집 앞 벚나무에 하나둘씩 꽃봉오리가 맺혔다. 이른 아침 출근길에 몽글몽글 피어나는 꽃들을 볼 때마다 회사를 향한 발걸음을 돌려 아이와 함께 공원이나 갔으면 좋겠다는 생각이 불쑥불쑥 드는 그런 날들이 이어졌다.

손꼽아 기다리던 주말이 다가오자 아이를 데리고 길을 나섰다. 하지만 아이가 아직 어리다 보니 사람들이 너무 많은 곳은 피해야겠다는 생각이 들었다. 이곳저곳 알아보고 검색해 보다 낙점한 곳은 국립 서울현충원. 초등학교 시절에 가 봤던 곳이지만 호국보훈의 달인 6월에 갔던지라 수많은 사람들의 죽음을 뜻하는 묘비와 따가운 햇살만 기억에 남았을 뿐 아름답다

초보 엄마 숨통 터지는 유모차 여행

는 생각은 하지 못했다. 그런데 이곳이 최근 수년간 입소문을 타고 봄꽃의 명소가 되었다고 하니 궁금증이 일었다. 어둡고 울적할 것 같은 현충원에 화사한 봄꽃이라니, 묘하게 이질적인 조합이라 생각했다.

이동 수단은 지하철로 정했다. 휴대용 유모차에 아기를 태우고 근처 지하철역까지 걸었다. 마을버스를 타고 역까지 가고 싶었지만 저상버스가 아니라서 포기했다. 아기 혼자 힘으로 걷기는 하지만 먼 거리는 무리여서 유모차에 태우는 수밖에 없었다. 몸무게는 11kg. 한 손으로 안는 것은 버거워진 지 오래다. 다만 유모차에서 탈출하겠다고 떼쓰는 것을 대비해 외출할 때는 항상 띠를 챙긴다. 방풍 커버를 덮어씌우면 웬만한 추위는 견딜 수 있어서, 이날도 그렇게 준비하고 유모차 안에 이런저런 장난감을 달아 줬다. 아이는 어린이집에 가는 줄 알았다가 새로운 길로 들어서자 손가락으

초보 엄마 숨통 터지는 유모차 여행

로 이곳저곳을 가리키며 신기해했다.

주말 아침의 지하철은 여유로웠다. 평일 오전이라면 허둥지둥 출구로 달려가거나 직진 본능을 펼치며 맹렬하게 걷는 회사원들을 마주쳤겠지만, 이날만큼은 다들 발걸음이 편안하고 봄기운에 들뜬 느낌마저 들었다.

열차 안은 적당히 소란스러웠다. 아이는 자기를 쳐다보는 예쁜 누나에게 까꿍 놀이를 하자며 고개를 왔다갔다 하기도 하고, 귀엽다고 말 거는 아줌마에게 눈웃음을 치며 애교 방출을 시작했다. 나랑 있을 때는 이것저것 가져와 달라며 땡깡 부리는 시간이 많은데 밖으로 나오니 아이도 기분이 들뜬 것 같다.

낯익은 푸른빛 동상이 맞이하는 국립묘지

정문으로 들어가자마자 낯익은 동상이 우리를 맞이했다. '충성분수대'는 전투에 임하는 군인이나 앞으로 달려가는 경찰, 기도하는 여인 등의 모습이 사실적으로 표현된 옥빛의 동상이 특징이다. 우리가 갔을 때는 분수대에서 물이 나오지 않았다. 오른편에는 종합민원실과 사무실 건물이 있는데, 이 건물 양 옆으로 벚나무가 있어 꽃구경을 나온 시민들이 제법 많았다. 삼각대를 가져와 프로페셔널하게 '출사'에 나선 사람도 있을 정도로 벚꽃이 아름다웠다.

분수대 앞으로는 너른 잔디밭이 펼쳐져 있다. '겨레얼마당'이라고 불리는데, 국립 서울현충원의 상징이라 할 수 있는 현충문이 한눈에 들어오는 구

초보 엄마 숨통 터지는 유모차 여행

조다. 혹자는 잔디밭과 그 뒤 푸른(?) 지붕의 현충문을 보고 "청와대 같다."
고 할 정도로 옛스러운 느낌이 물씬 나는 곳이기도 하다. 현충문 너머로는
대통령이나 유명 정치인들이 6월 6일에 참배를 위해 방문하는 현충탑이 보
였다. (그 앞에는 위병들이 서 있어 다가가기 매우 어려운 분위기라는 점, 소심하게 밝
혀 둔다.)

'묘지'이자 '국가 기념 시설'이라는 점에서 지켜야 할 몇 가지 사항이 있었
다. 흥겨운 노래와 춤판, 술을 마시고 널브러지는 행위는 절대 금지다. 엄
격한 기준일 수는 있지만 공 차며 노는 것, 잔디밭에 드러눕는 것도 안 된
다. 이날도 겨레얼 마당에서 공차기를 하던 어린 아이와 아버지가 관리직
원에게 제지당했다. 누군가의 가족이 묻혀 있는 곳이라는 것을 생각한다면
당연한 예의일 수 있겠다. 꽃이 아름답다고 마냥 웃고 떠들 수 있는 곳은
아닌 것이다. 다만 시민들과의 거리를 좁히기 위해 해마다 벚꽃축제를 연
다고 한다. 원내에서의 차량 이용은 용이한데, 안장된 분들의 유가족을 위
해 차량 통행과 주차는 호국지장사와 역대 대통령 안장지를 잇는 외곽도로
까지 제한이 없다.

현충문을 마주본 상태에서 왼쪽에는 학도의용군 무명 용사탑과 작은 정
자가 있는데 수령이 오래된 벚나무가 서 있어 풍광이 무척 아름답다. 바람
에 흩날리는 벚꽃이 봄 햇살과 어우러져 아이가 벚꽃 구경을 하기엔 더없
이 좋은 곳이라는 생각이 들었다. 이곳으로 나들이 나온 가족들도 모두 벚
나무를 배경으로 사진을 찍느라 여념이 없었다.

정자 뒤편의 '50년 현지 임관 전사자 추념비'와 묘역 사이를 흐르는 개천
주위에는 개나리가 흐드러지게 피어 진정한 봄의 시작을 알렸다. 그 꽃과
함께 서 있는 추념비에는 1946년 국군 초창기부터 지원 입대해 복무하다

1950년 한국전쟁이 발발해 현지 임관한 이들 가운데 전투 중 전사한 377명, 순직자 16명을 영원히 기리기 위해 세웠다고 적혀 있었다. 아이를 낳고 나니 앞으로 우리가 살아갈 이 땅은 전쟁의 그림자가 완벽하게 사라진 곳이었으면 좋겠다는 바람이 커졌다. 자신의 삶을 역사의 흐름에 맡겨야 했던 분들을 마주하다 보니 이같은 마음은 더욱 뚜렷해졌던 것 같다.

하지만 국립 서울현충원이 무겁기만 한 것은 아니다. 동네 어르신들이 마실 나와 꽃구경을 하고 어린 아이를 데리고 온 가족이 편안하게 그늘 아래 돗자리를 깔고 쉬는 공간이기도 하다. 사람들에게 치이는 꽃구경하고는 거리가 멀다는 점도, 조용하게 사색하며 걷기 좋다는 것도 장점이었다. 물론 사람들이 몰리는 벚꽃축제 기간에는 이 고즈넉한 아름다움도 살짝은 소란스러워지겠지만 말이다.

초보 엄마 숨통 터지는 유모차 여행

　　경사진 도로를 따라 무턱대고 위쪽으로 걷다 보니 고 김대중 대통령 묘소가 근처에 있다는 이정표가 보였다. 상당히 많이 걸어왔기에 다리가 아프기 시작했지만 한 번 정도는 이곳의 취지에 맞춰 참배하는 것도 나쁘지 않을 거라 생각해 김 전 대통령 묘소로 가 봤다. 참배객 서명대에는 최근에 왔던 이들이 자신의 마음을 적는 책자가 마련돼 있다. 우리보다 앞서 참배를 하는 사람들이 몇 있어 순서를 기다려 묵념을 하고 내려왔다.

　　아이는 내가 묵념을 하는 그 짧은 시간 동안 신기한 것이 많았는지 '우오' '엄므' '아브' 등 여러 소리를 내고는 했다. 요즘은 '꽃'이란 단어를 알아들어서 제 눈에 보이는 모든 꽃을 손가락질하고는 해서 살짝 걱정했지만 내 뒤에 온 참배객이 없어서 다행히 별 탈 없이 넘어갔다.

　　정문 쪽으로 쉬엄쉬엄 내려가며 길가의 벤치에 잠시 앉았다 또 다시 걸으며 아이에게 꽃과 나무에 대해 말하는 시간이 이어졌다. 외출한 지 두 시간 정도 지나 아이가 배고플 시간이 되었기에 우선 집에서 싸온 사과와 쌀 튀밥을 주고 다시 겨레얼마당을 향했다.

아직 바람에 싸늘한 기운이 섞여 있는 바깥보다는 실내에서 분유를 주는 게 좋을 거 같아서 정문 옆 종합민원실의 수유실로 향했다. 홈페이지에서는 종합민원실에 수유실이 있다고 했지만 바로 눈에 띄지는 않았다. 결국 직원에게 물어서 사무 공간에 따로 마련된 방을 안내받을 수 있었다.

문 앞에 '기저귀 교환대'라고 적혀 있지만 '상담실'이라는 글씨가 더욱 크게 보이는 수유실에는 낮은 소파와 협탁 정도만 갖춰져 있었다. 이유식을 데우고 먹이기에는 적당하지 않아 보온병에 담아온 따뜻한 물에 분유를 타 아이에게 줬다. 이곳에서 대여해 주는 유모차도 눈에 들어왔지만, 어린 아이들이 자주 방문하는 곳은 아니어서 그런지 편의 시설이 잘 갖춰져 있다는 느낌은 받지 못했다.

아이와 함께 오랫동안 걸은 탓인지 무척 힘이 들었다. 아이도 안아 달라 조르더니 이내 잠이 들었다. 내리쬐는 햇빛으로 따뜻해진 아이의 정수리에서는 햇빛 냄새가 났다. 기분 좋은 꽃 냄새도 나는 듯했다.

따라나서기

국립 서울현충원

국군묘지로 창설된 1955년 이래 전사 또는 순직 군인과 군무원 및 종군자의 영현을 안장했으나 10년 후인 1965년 3월 30일 국립묘지로 승격되어 국가원수, 애국지사, 순국선열을 비롯하여 국가유공자, 경찰관, 전투에 참가한 향토예비군 등이 추가 안장되었다.
묘역은 국가원수 묘역, 애국지사 묘역, 국가유공자 묘역, 군인·군무원 묘역, 경찰관 묘역, 일반 묘역, 외국인 묘역으로 구분되어 있고, 전체 형국은 공작새가 아름다운 날개를 펴고 있는 모습이라고 한다.
국립 서울현충원은 반세기가 넘는 시간 동안 일반인의 산림지역 접근을 통제하고 인위적인 훼손을 금지하는 등 철저한 보전 조치가 이뤄져서 도심에 위치하고 있음에도 불구하고 자연생태가 잘 보전되어 있는 것이 특징이다.

홈페이지 www.snmb.mil.kr
운영 시간 06:00~18:00
가는 법 지하철 4호선 동작역 2, 4번 출구 또는 9호선 동작(현충원)역 8번 출구. 9호선을 탈 경우 정문 바로 앞으로 나올 수 있기 때문에 큰 길을 건너야 하는 4호선보다 좋다. 엘리베이터는 7번과 8번 출구 사이에 있고, 5, 6번 출구에는 에스컬레이터만 있다.
정문 앞에 버스 정류장이 있어 버스를 이용해도 좋다.
주차 주차비 무료

틈만 나면 여행 떠나는 걸 좋아했던 30대 워킹맘. 임신을 확인하며 느낀 기쁨도 잠시, 예약해 뒀던 비행기 표를 취소하며 더 이상 '자유의 몸'이 아니라는 사실을 깨달았다. 산후 찾아온 우울함을 아이와의 여행으로 날려 버렸다.

겨울에 태어난 여자아기. 잘 웃고 잘 자고 잘 먹는 명랑한 아기지만 남달리 우렁찬 울음소리와 하기 싫은 건 절대로 하지 않는 고집도 지녔다. 나들이를 좋아해 유모차나 아기띠에만 타면 파닥파닥 흥겹게 발을 구른다.

전국 유모차 여행

바다와 소나무숲이 기다리는

강릉

아기와의 여행은 고생길?

"그냥 친정이나 시댁에 맡겨 놓고 가, 아기랑 같이 가면 하나도 못 즐겨."

아기 엄마에게도 여름휴가철은 어김없이 찾아온다. 하지만 출산 후 첫 여름휴가를 어떻게 즐겁게 보낼까 고민하는 초보엄마에게 주변에서 아기를 맡기고 떠나야 한다는 조언이 쏟아졌다. 아기랑 여행을 가면 여행지가 좋았는지 싫었는지도 모른 채 아기만 챙기다 오게 된다는 경험담도 줄을 이었다.

그렇지만 안타깝게도 아이를 맡길 수 있는 형편은 못되었다. 그래, 피할 수 없다면 즐기자! 그렇다고 여름휴가를 집에서만 보낼 순 없지 않은가. 아

기와 함께라도 충분히 여름휴가는 충분히 즐거울 수 있을 것이다.

막상 아이와 2박 3일 여행을 가려고 결심하니 신경 쓰이는 점이 한두 가지가 아니었다. 출산 후 답답함을 달래려 서울 근교를 가볍게 다녀온 적은 있었지만 본격적인 장거리 여행은 차원이 달랐다. 혹시 아이가 장거리 이동을 힘들어 하는 게 아닐까, 잠자리가 바뀌어 잠을 안 자면 어쩌지, 혹시 열이라도 오르면 근처에 병원은 있을까. 엄마 아빠와 아기가 모두 편안한 여행을 하기 위해서는 여행지, 숙소, 일정은 물론 유모차와 꾸리는 짐까지 세심한 준비가 필요했다.

어디로 갈지를 정하면 여행의 반은 정한 셈. 고심 끝에 정한 여행지는 강릉이었다. 5개월 밖에 안 된 아기가 차가운 바닷물에서 놀 수는 없기에 바닷가 산책로와 드라이브 코스가 잘 되어 있는 곳을 찾다가 발견한 곳이었다.

유모차는 디럭스급이지만 접었을 때 부피를 많이 차지하지 않는 제품으로 골랐다. 아이가 목을 겨우 가누긴 했지만 아직 유모차에 누워 있는 시간이 많아, 어느 정도 쿠션이 있는 제품이 좋을 것 같았다. 또 너무 가벼우면 이동 시 짐을 매달기 어렵기 때문에 아이가 어릴 때는 오히려 어느 정도 무게가 있는 제품이 여행할 때 편리하다.

드디어 여행 당일, 차는 영동고속도로를 시원하게 달려 3시간 만에 강릉에 닿았다. 길이 덜 막히는 일요일에 출발한 덕분이었다. 아이의 생활 패턴을 고려해 보통 낮잠을 자는 늦은 오전에 출발한 덕분인지 차 안에서도 크게 애 먹는 일은 없었다. 장거리 여행에서 꼭 필요한 카시트에 태우는 것도 생각만큼 힘들진 않았다. 안전을 위해 후면을 보고 타는 게 답답하지 않을까 걱정했는데, 엄마와 눈을 마주치며 가니 오히려 안정감을 느끼는 듯했다.

7월 초, 아직 성수기에 접어들지 않은 강릉은 조용했다. 관광지가 몰려 있는 경포해변 근처로 들어서기까지 대로에서 차를 보는 게 더 어려울 정도였다.

우리는 일단 숙소로 향했다. 강릉에서 숙소로 잡은 리조트는 경포해변과 경포호수 사이에 있었다. 최상의 위치이니만큼 가격은 제법 비쌌다. 그래도 아이와 함께일 때는 숙소에 있는 시간도 많다는 점을 고려해 과감히 투자를 했다.

체크인 후, 아이의 컨디션을 고려해 일단은 휴식을 취하고 강렬한 오후의 햇살이 누그러졌을 때 숙소 밖으로 나왔다. 첫 목적지는 숙소 뒤편에 보이는 경포호수였다. 경포호수는 오랜 세월에 걸쳐 바다에서 떨어져 나와 만들어진 석호다. 한 바퀴를 도는 데 1시간 반에서 2시간 가량 소요되는데, 유모차로 걷기 좋게 길이 잘 닦여 있어 아기와 걷기 딱 좋다. 또 강릉하면 떠오르는 누각인 경포대 등 다양한 볼거리들이 많다.

숙소에 차를 두고 유모차에 아이를 태워 경포호수로 걸음을 재촉했다. 워낙 '뚜벅이' 스타일로 여행을 즐기는 편이기도 했고, 주차를 어디에 해야

초보 엄마 숨통 터지는 유모차 여행

할지도 몰랐던 탓이다. 그리고 지도상으로는 리조트에서 경포호 산책로로 어렵지 않게 건너갈 수 있을 것 같아 보였다.

하지만 이 선택은 실수였다. 산책로가 경포해변의 뒤편 도로와 인접해 시끄러운 데다 수시로 자전거들이 지나다녀 걷기에 위험했다. 호수에 조그만 산책로만 덩그러니 있는 풍경도 평범했다.

경포호수에 대해 실망하려던 찰나, 거대한 호수광장과 주차장이 눈에 들어왔다. 아, 여기서부터 볼거리들이 시작되는구나! 그랬다. 여기까지는 차로 왔어야 했던 것이다. 애당초 아이와 경포호수를 한 바퀴 다 도는 건 무리였기에 주차장까지 걸어온 20여 분의 시간이 아까웠다. 역시 아기와 여행을 다니려면 철저한 준비가 필요하다.

호수광장에 들어서자 넓은 잔디밭이 펼쳐졌다. 여기저기서 오후의 여유를 즐기는 가족들과 아이들이 잔디밭에서 뒤뚱뒤뚱 걸음마를 하는 모습이

경포호수 근처에는 허균 · 허난설헌이 살았던 터에
옛 집을 복원한 공원이 있다.

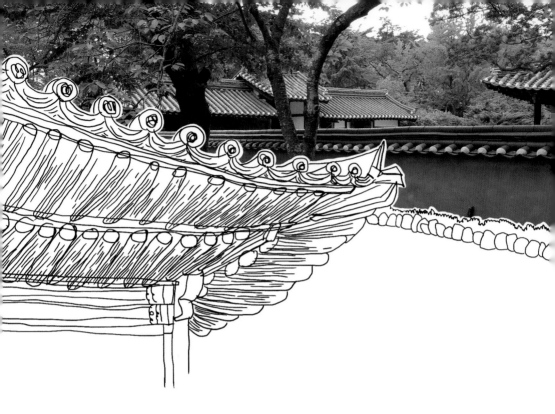

눈에 들어왔다. 아직은 기어 다니지도 못하지만, 우리 아이도 돌이 지나고 이곳에 오면 푹신한 잔디밭에서 안전하게 걸음마 연습을 할 수 있을 것 같 았다.

분유를 먹인 후 호수를 따라 걷다 보니 아이는 어느새 잠에 빠졌다. 아직 생후 5개월, 유모차에 타면 깨어 있기보다는 잠으로 보내는 시간이 더 많은 시기였다. 아이가 잠든 이때부터는 육아에 지친 어른들을 위한 시간이다.

색색의 꽃들과 소설《홍길동》속 캐릭터를 묘사한 동상들을 지나 30여 분 정도 걸으니 허균·허난설헌 기념공원으로 향하는 갈림길이 나왔다. 나무뿌리가 얽혀 다소 울퉁불퉁한 비포장길로 10여 분 조심스럽게 유모차를 몰고 가니 아담한 전통 한옥이 모습을 드러냈다. 강릉 출신의 천재 여류시인 허난설헌과 그의 동생이자 최초의 한글 소설 〈홍길동〉의 저자 허균이 살았던 터에 옛 집을 복원해 둔 것이다. 마당에 앉아 있으니 소담히 피어난 꽃들이 보였다. 아기는 잠을 자고 나무는 바람에 맞춰 '쏴아아아~' 하는 기분 좋은 소리를 뿜어 내고 있으니 천국이 따로 없다. 육아를 하며 이렇게 여유를 부린 게 얼마 만인지.

휴식을 즐기다가 마지막으로 경포호 남단의 가시연습지를 가기로 했다. 여행을 준비하면서 읽은 가시연의 기적을 눈으로 확인하고 싶어서다.

경포호는 1920년대까지만 해도 지금보다 규모가 2배 정도였고, 자주빛의 작은 연꽃인 가시연이 아름답게 피어 있는 호수였다고 한다. 하지만 무분별한 개발로 습지는 농경지 등으로 바뀌며 옛 모습을 잃었고, 멸종 위기 동식물 2급인 가시연도 덩달아 종적을 감췄다. 이에 강릉시는 경포호의 옛 모습을 제대로 되찾기 위해 대대적으로 습지 복원에 나섰다.

복원 공사가 마무리 단계에 접어들 무렵인 2012년, '기적'이 일어났다. 늪지 바닥에서 휴면 중인 가시연 종자가 스스로 꽃을 피운 것이다. 무려 50년 만의 일이라고 한다.

7월에 찾은 가시연습지는 다양한 수생 식물이 장관을 이루고 있었다. 특히 복숭아빛의 연꽃은 제철을 만나 만개해 있었다. 유모차도 쉽게 연못 한가운데까지 들어갈 수 있도록 시설을 마련해 둬 아주 가까이서 연꽃을 즐길 수 있었다.

하지만 경포호의 옛 주인인 가시연의 모습은 제대로 보지 못했다. 다른 연꽃에 비해 개화 시기가 늦어 8~9월은 되어야 활짝 핀 모습을 볼 수 있다

고 한다. 다음번에는 가시연이 꽃피울 초가을에 다시 강릉을 찾아야겠다.

숙소를 향해 왔던 길을 되돌아가자니 노을이 깃들어 있었다. 첫 인상과는 달라 지루하지는 않았다. 아이는 두 시간 넘게 푹 자고 숙소로 돌아와서야 눈을 떴다. 덕분에 오랜만에 한가로운 데이트를 즐긴 엄마 아빠는 고마울 따름이었다.

아기와 만끽하는 바다

강릉에서의 이튿날은 예정보다 일찍 시작했다. 무심코 열어 둔 커튼 사이로 쏟아진 햇빛 덕분에 예기치 않게 일출을 볼 수 있었던 것이다. 직접 해변에 나와 보는 일출이라면 더할 나위 없겠지만 아기와 함께 이 정도가 어디인가. 아기와 함께 일출, 일몰을 보고 싶을 때 쌀쌀한 날씨와 어둠이 부담스럽다면 숙소의 힘을 빌리는 것도 좋은 방법인 것 같다.

강릉까지 왔으니, 잠깐이라도 바다를 즐기기로 했다. 경포해변에는 강릉의 상징인 소나무가 하얀 백사장을 따라 쭉 늘어서 있었다. 그 앞으로는 동해안 특유의 맑고 깊은 바다가 오전의 햇살을 받아서 빛나고 있었다. 성수기를 눈앞에 둔 평일이라 그런지 해변은 한산했다. 관광객보다는 성수기 장사를 위해 각종 장비를 정비하느라 분주한 상인들이 더 많아 보였다.

소나무 숲을 따라 해변 끝과 끝을 잇는 나무데크가 있었다. 푹푹 빠지는 모래 때문에 유모차에 아이를 태워 백사장 산책을 할 엄두도 내기 어려운 초보 엄마 아빠들에게는 최고의 시설이다. 성수기에는 유모차와 휠체어를 대여해 주는 곳도 있다고 한다.

나무데크를 따라 해변 산책을 하다가 적당한 곳에 돗자리를 펴고 자리를 잡았다. 6개월 이전의 아기는 햇볕에 노출되는 걸 최대한 줄여야 한다기에 아기 피부에 사용해도 해롭지 않은 자외선 차단제, 우산 등을 챙겨 갔지만 햇살이 생각만큼 따갑지 않았다. 소나무숲이 훌륭한 그늘을 만들어 준 덕분이다.

유모차에서 내리자 이내 깨어난 아이는 처음 보는 풍경이 신기한지 눈을 반짝반짝 했다. 모빌을 보는 양 머리 위에서 바람에 흔들리는 소나무 가지를 한참 쳐다보고, 솔방울과 모래를 손에 쥐어 주자 주먹을 쥐락펴락하며 촉감을 느꼈다. 말간 미소도 어느 때보다 빛이 났다. 여름 햇살과 아이의 미소 중 어느 것이 더 눈부셨냐고 묻는다면, 단연 아이의 미소다.

오전 내내 경포해변에서 여유를 즐기다가 점심을 먹고 헌화로 드라이브에 나섰다. 햇살이 뜨거운 오후에는 아기를 위해 야외보다는 드라이브가 나을 것 같았기 때문이다. 헌화로는 금진항과 심곡항을 잇는 2.4km의 길인데 우리나라에서 바다와 가장 인접한 도로로 유명하다.

헌화로의 풍경은 듣던 대로 아름다웠다. 기암절벽 아래로 난 길을 아슬아슬하게 달리면 오른편으로 바닷물이 암초에 부딪혀 부서지는 모습이 눈앞에 보였다. 바닷물은 수초가 다 보일 정도로 투명했다. 차로 5분 정도 밖에 달릴 수 없을 정도로 짧다는 것만이 이 길의 유일한 단점이었다.

헌화로를 한눈에 볼 수 있는 전망대로 이어진 산책로가 있었지만, 계단으로 제법 가파른 산을 올라야 했기에 아기가 있는 가족에게는 그림의 떡이었다.

대신, 헌화로에서 5분 거리인 정동진을 지나쳐 오죽헌으로 향했다. 오죽헌은 율곡 이이가 어머니 신사임당과 어린 시절을 보낸 곳이다. 교과서에 실릴 정도로 유명한 사적지답게 유모차와 휠체어 겸용 길이 잘 닦여 있었다. 아이를 유모차에 태우고 경사길을 올랐다. 아이는 푹 잔 덕분인지 기분이 좋아 보였다. 생글생글 웃는 모습이 마치 '나도 여행을 즐기고 있다.'고 말하는 것 같았다.

고택의 담장 너머로 무성한 검은 대나무가 보였다. 오죽헌이라는 이름이 왜 붙었는지 고개가 끄덕여졌다. 마당 한가운데 있는 600년 된 배롱나무 앞에 서면 오죽헌이 지나온 흔적이 고스란히 느껴졌다. 그러나 오죽헌을 둘러싼 거대한 광장이나 한옥의 모습을 한 콘크리트 건물 그리고 거대한 율곡 이이와 신사임당 동상 들은 고택과 어울리지 않아 위화감이 느껴졌다.

오죽헌을 뒤로 하고 저녁 식사를 위해 초당 순두부마을로 이동했다. 어림잡아 40여 곳의 가게가 모여 있었는데, 아기를 데려가도 불편하지 않을 집을 찾아 가는 게 이날의 목표였다.

탐색 끝에 들어간 곳은 '짬뽕 순두부'라는 메뉴로 유명한 식당이었다. 식당 안 손님들 중에는 관광객보다 지긋한 나이의 지역주민들이 더 많았는데, 아이를 위해 넓은 안쪽 자리를 내주셔서 마음 편히 식사를 마칠 수 있었다.

칼칼한 짬뽕 순두부와 담백한 순두부 백반의 맛이 끝내줬던 것은 두말하

면 잔소리다. 특히 순두부 백반은 소금기가 거의 없고 부드러워 6개월 이상 아기의 이유식 대용으로도 손색이 없어 보였다. 아직 이유식을 시작하지 않았기 때문에 아이에게는 먹이지 못했는데, 엄마 아빠가 먹는 모습을 보며 입맛을 쪽쪽 다지는 것 같아 한편으론 미안했다. 조금만 더 크면 다시 오자꾸나.

여행은 아기를 자라게 한다

강릉에서의 꿈같은 시간이 어느덧 막바지다. 마지막 행선지는 솔향수목원. 관광지가 몰려 있는 해변과 시내를 지나 동해고속도로가 지나는 내륙 방향으로 달려 솔향수목원에 도착했다. 많이 알려지지는 않았지만, 나무데크 길이 잘 조성돼 있어 삼림욕 하기에 안성맞춤인 곳이다.

주차장부터 소나무로 둘러싸여 있어 깊은 산중에 들어간 기분이 들었다. 입구에 들어가면 양 옆에 난 산책로 사이로 계곡물이 졸졸 흐른다. 가지런히 정비된 계곡이라 서너 살 정도의 아이라면 비교적 안전하게 물놀이도 할 수 있을 듯 보였다.

계곡을 기준으로 오른쪽 길을 올라가면 다양한 식물원이 있다. 또 길섶으로 색색의 꽃들이 심어져 있어 다양한 시각적 자극을 줬다. 덕분에 유모차에 타면 잠에 빠져들던 여느 때와는 달리, 아이는 연신 손을 뻗고 고개를 두리번거리며 수목원을 즐겼다.

구름다리를 건너 계곡 반대쪽으로 가면 산길에 소나무가 우거져 있다. 그 사이로 난 나무데크는 두 명이 낑낑대며 유모차를 밀어야 할 정도로 제법 경사가 가팔랐다. 하지만 소나무가 풍기는 향기와 높은 곳에서 바라보는 숲의 장관은 이런 피곤함을 싹 가시게 만들었다. 역시 자연은 위대하다.

수목원을 마지막으로 여행을 마치고 집에 돌아온 저녁, 아이를 매트 위에 내려놓는데 작은 기적이 일어났다.

데굴데굴.

아이가 매트 위를 구르며 이동을 하기 시작한 것이다! 숙소의 하얀 시트와 이불이 마음에 들었는지 연신 배밀이를 하더니, 어느새 새로운 기술을

초보 엄마 숨통 터지는 유모차 여행

터득했다.

　여행 직후 한 단계 성장한 아이의 모습을 보니 분명 여행이 아이에게 긍정적으로 작용했다는 확신이 들었다. 아직은 자는 시간이 절반을 차지했지만, 아이는 분명히 수시로 깨어나 처음 경험하는 세상을 적극적으로 탐색했으니까. 집 안에서 열심히 자극을 준들 완전히 새로운 환경에서 쏟아지는 자극의 크기와 강도를 뛰어넘을 수 있을까.

　"아기와의 여행은 엄마 아빠를 위한 것이다."라는 주장에 이제 당당히 반박할 수 있다. 여행지에서 반짝반짝했던 아이를 보며, 집 밖 세상에 더 적극적으로 나서야겠다고 결심했다.

따라나서기

경포호수

둘레 5.21km로 오랜 세월에 걸쳐 바다에서 떨어져 나오면서 만들어진 석호다. 호수를 도는 둘레길이 잘 조성돼 있으며 호수광장, 허균·허난설헌 기념 공원, 경포 가시연습지, 경포대, 참소리박물관 등 즐길거리가 많다.

주차 경포호수광장 무료주차장

경포해변

동해안 최대 해변으로 유명한 이곳은 백사장이 1.8㎞에 이르는 곳이다. 백사장을 따라 데크가 설치돼 있어 유모차 바퀴가 모래에 빠지지 않고 경포해변을 산책할 수 있다.

주차 경포대 무료주차장
유아휴게실 경포치안센터 인근에서 성수기에만 운영, 유모차 대여 가능

안목해변

길이 500m에 이르는 백사장이 있는 이 해변은 '강릉 커피거리'로도 잘 알려져 있다. 80년대 백사장에 커피자판기가 생기면서 커피거리가 됐는데, 이제는 커피숍이 많아지면서 카페거리로 변모했다. 해수욕장 바로 옆에는 강릉항(안목항)이 있어 낚시를 즐길 수 있다.

주차 안목해변 주차장

헌화로

금진항에서 심곡항까지 이르는 길이 2.4km에 이르는 도로. 1998년 도로를 만든 뒤 삼국유사에 나오는 〈헌화가〉에서 따서 이름을 붙였다고 한다. 한반도에서 땅과 바다가 가장 가까운 도로로 풍경이 아름다우며 산책로도 조성돼 있다.

정동진

드라마 〈모래시계〉로 이름을 알린 일출 명소다. 바로 백사장으로 나갈 수 있도록 설계돼 있어 '세계에서 해변과 가장 가까운 역'으로 기네스북에 등재돼 있다. 조선 시대 한양의 광화문으로부터 정동쪽에 위치한 바닷가라는 의미로 '정동진(正東津)'이라 이름 붙었다.

주차 정동진역 주차장
유아휴게실 정동진역 내부

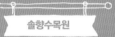

선교장

강릉에 있는 99칸에 이르는 사대부가의 주택이다. 효령대군(세종대왕의 형)의 11대손인 이내번에 의해 처음 지어져 300년 넘게 원형이 잘 보존되고 있으며 지금도 후손들이 살고 있다. 선교장에서는 한옥스테이도 가능하다. 다만 호텔이나 콘도처럼 욕실과 취사시설을 편하게 이용하기 어려워 아이와 함께하기엔 불편하다는 점은 감안해야 한다.

홈페이지 www.knsgj.net
관람시간 09:00~18:00(하절기), 09:00~17:00(동절기)
관람료 어른 5천 원, 청소년 3천 원, 어린이 2천 원, 7세 이하 무료

오죽헌

16세기를 대표하는 성리학자 율곡 이이와 현모양처로 유명한 신사임당이 태어난 곳이다. 신사임당의 셋째 아들로 태어난 율곡이이는 어린 시절을 이곳에서 보냈으며, 오죽헌에는 그가 사용하던 벼루와 저서 〈격몽요결〉이 보관돼 있다. 오죽헌이라는 이름은 건물 뒤편에 검은 소나무가 많이 자라고 있다는 데서 유래됐다.

홈페이지 ojukheon.gangneung.go.kr
관람시간 08:00~18:00(하절기), 08:00~17:30(동절기)
관람료 어른 3천 원, 어린이 천 원, 65세 이상 무료

솔향수목원

2013년 국내 최초로 소나무를 주제로 연 수목원으로 강릉시에서 운영하고 있다. 수목원을 가로지르는 계곡, 삼림욕을 즐길 수 있는 '천년숲결 치유의 길', 다양한 테마의 식물원이 있어 볼거리가 많다.

홈페이지 www.gnsolhyang.kr
관람시간 09:00~18:00(하절기), 09:00~17:00(동절기). 월요일 휴원(공휴일인 경우는 그 다음날)
관람료 무료

자연 속에서 즐긴 물놀이

곤지암

안전하게 즐기는 숲의 청량함

아기가 만 6개월째에 접어든 8월, 주변 엄마들 사이에서 부쩍 '수영'이 화두로 떠올랐다. 자궁 속에서 유영하던 태아 때 기억을 간직하고 있는 아기들은 물에 들어가면 오히려 무서워하지 않고 즐거워하며, 그 기억이 사라지기 전에 물을 접하게 해 줘야 한다는 설득력 있는 설명까지 더해졌다. 이야기를 듣고 있으니 내 엉덩이도 들썩거렸다.

아기와 수영장에 가려니 먼저 도구를 갖춰야 했다. 목 튜브, 보행기 튜브 등 다양한 아기 물놀이 제품이 있었지만 내가 구입한 것은 '스윔 트레이너'였다. 아기 목에 끼워 주는 목 튜브가 가장 간편해 보였지만 사람이 많은

초보 엄마 숨통 터지는 유모차 여행

수영장에서 쓰기엔 좀 불안정한 것 같았기 때문이다.

물에 닿아도 부풀어 오르지 않는 수영장 기저귀도 넉넉히 준비했다. 수영장 기저귀는 인터넷, 마트 등에서 구매하면 한 장당 400~1천 원 사이지만, 수영장에 가는 순간 장당 2천~4천 원까지 뛰기 때문에 미리 준비하는 게 좋다.

짐에는 액상 분유 대여섯 개를 챙겨 넣었다. 젖양이 충분해지고 모유 수유가 완전히 정착하면서 젖을 먹일 수 없는 비상 상황에만 분유를 먹여 왔는데, 그러다 보니 개봉 후 2주가 지나면 오염 우려가 있는 가루 분유를 반도 다 먹지 못한 채로 버리는 일이 잦았다. 그래서 언제부턴가 자연스럽게 액상 분유를 사용하기 시작했다. 멸균 처리가 되어 있어서 오래 보관할 수 있기 때문이다. 특히 분유 조제가 익숙하지 않은 완모 엄마인 나에게 매우 유용했는데, 물 온도를 맞추느라 아기를 기다리게 하지 않고 모유 수유처럼 바로 먹일 수 있다는 점도 매력적이었다.

이렇게 만반의 준비를 하고 떠난 곳은 곤지암의 한 리조트다. 곤지암은 막히지 않으면 서울에서 중부고속도로를 타고 1시간이면 갈 수 있다. 아기와 주말을 이용해 1박이나 당일치기로 부담 없이 다녀올 만하다. 또 완벽히 영·유아를 위한 공간은 아니지만 강한 소독약을 쓰는 일반 수영장이 아니라 가족 단위 물놀이객을 위한 스파 형태로 운영되고 있어, 물속 환경이 아기에게 해로울 것 같지 않았다.

하지만 아이와의 여행은 늘 계획대로 되지 않는다. 길이 막힐까 봐 일찍 출발하려 했던 계획이 어그러진 것이다. 아이는 8시가 넘어 깨어났고 먹이고 기저귀를 갈고 옷을 갈아입히다 보니 한 시간이 훌쩍이다. 게다가 아침

곤지암 화담숲에는 모노레일이 있어 편하게 숲을 즐길 수 있다.

초보 엄마 숨통 터지는 유모차 여행

에 쓰고 미처 넣지 않은 칫솔, 치약부터 수유 쿠션까지 어찌나 챙기지 않은 짐이 많은지, 집을 나서다 "잠깐만!"을 수없이 외쳤다.

10시가 다 되어 겨우 발을 뗀 우리는 주말의 나들이객을 뚫고 2시간 만에 이천에 도착했다. 이천은 곤지암과 30분 거리라 나들이객들이 식도락을 위해 많이 찾는 곳이다. 이천 쌀로 만든 쌀밥집이 길을 따라 즐비하다.

육아를 하면서 반쯤 포기했던 '맛집 탐방'이기에 들뜬 마음을 안고 한 식당을 골라 들어갔다. 듣던 대로 서울에서 먹던 한정식보다 푸짐한 한 상이 나왔지만, 아기 엄마에게 한정식은 사치였다. 이것저것 손댈 게 많다 보니 아이를 달래며 먹기에는 버거웠고, 식사 시간이 길어지자 아이는 그 틈을 참지 못하고 보챘다. 역시 아이와 다닐 때는 이것저것 손이 갈 게 많은 메뉴보다 맛있고 빠르게 먹을 수 있는 단품을 택하는 편이 낫다.

꾸역꾸역 점심식사를 마친 뒤에는 진짜 목적지인 곤지암에 도착했다. 곤지암에서 가장 잘 알려진 관광지는 화담숲이다. 화담숲은 임산부나 유모차를 탄 아기도 부담 없이 즐길 수 있는 수목원으로 엄마들 사이에서 유명한 곳이다. 임신 6개월에 접어들었을 때 이곳을 처음 찾았는데, 무거운 몸으로도 안전하게 단풍을 즐길 수 있어서 너무나 감격했던 기억이 있다.

10개월 만에 다시 찾은 화담숲은 가을이 아닌 여름이 넘실거렸다. 숲길을 걷기 시작한 지 얼마나 지났을까. 예상했던 대로 아이는 세상모르고 잠이 들었다. 아기띠로 안고 있던 아이를 조심스럽게 유모차에 올려놓고 숲길을 마저 걷기 시작했다. 길은 나무데크로 잘 정비돼 있어 유모차가 흔들림 없이 오르내릴 수 있었다. 덕분에 잠이 든 아이를 안고 낑낑거리는 대신 여유 있게 유모차를 끌며 새 소리와 계곡물 소리로 가득 찬 화담숲의 여름을 즐길 수 있었다.

그런데 한껏 들뜬 마음으로 산 정상에 거의 다가갈 때쯤 문제가 생겼다. 아침부터 꾸물거리던 하늘이 비를 뿌리기 시작한 것이다. 보슬비라면 유모차에 레인커버를 씌워 더 다녀 볼 텐데 무심한 빗줄기는 점점 굵어졌다. 게다가 함께 온 지인의 생후 17개월 아이가 벌에 쏘이는 사고까지 일어났다. 서둘러 하산을 해야만 했다.

그나마 다행인 것은 모노레일이 있다는 것이었다. 덕분에 비 한 방울 맞지 않은 채 순식간에 산 아래로 내려올 수 있었다. 그리고 의무실에서 벌에 쏘인 아이는 응급처치를 받았다. 비록 벌에 쏘인 부분이 부풀어 오르긴 했지만, 빠른 하산과 응급처치 덕분에 더 큰 문제는 일어나지 않았다. 보통의 산에서 돌발 상황이 발생했더라면 어찌할 바를 모르고 당황했겠지만, 가족 단위의 방문객들을 대상으로 하는 수목원인 만큼 편의시설이 잘 갖춰져 있어서 다행이었다.

아기, 자궁 속 기억을 떠올리다

드디어 아이에게 생애 첫 수영장 체험을 시켜 줄 날이 밝았다. 아이를 안고 수영장으로 향하는 가슴이 두근두근했다. 마치 내가 처음 수영하는 것처럼.

하지만 즐거움은 여기까지였다. 혼자 모든 짐을 가지고 여성 탈의실로 가서 아이를 준비시켜야 했기 때문이다. 엄마의 체력이 절대적으로 필요했다. 게다가 혼자 앉지도 못하는 어린 아기를 위한 편의 시설도 전혀 없었다.

초보 엄마 숨통 터지는 유모차 여행

결국 '미안해.'를 되뇌며, 수영복으로 갈아입는 동안 탈의실 구석 바닥에 아이를 눕혀 둘 수밖에 없었다. 수영장 기저귀를 채울 곳도 마땅치 않아 후다닥 세면대 옆 공간에 아이를 눕히고 기저귀를 갈았다. 설상가상으로 준비가 다 되어갈 때쯤 아이는 '응가 폭탄'을 쏘았고, 엄마는 속절없이 기저귀를 갈고 수영복을 입히는 과정을 반복했다.

여기서 끝이 아니었다. 30분이 넘게 아이와 사투를 벌이느라 탈의실에서 나오지 않자, 걱정이 된 남편이 휴대전화를 수영복 주머니에 넣어 둔 게 화근이었다. 남편은 우리가 나오자마자 기쁜 마음에 아이와 물에 뛰어들었다. 주머니 속 휴대전화도 함께. 완전히 침수된 남편의 휴대전화는 전혀 작동하지 않았고, 갖은 노력에도 결국 출산부터 생후 6개월까지 사진의 절반은 복구되지 못한 채 날아가 버렸다.

아이의 반응도 예상과 달랐다. 목욕할 때처럼 물장구를 치며 신나게 놀 것이라고 기대했건만, 아이는 알 수 없는 표정으로 우리를 바라보며 가만

히 물 위에 떠 있었다. 이대로 '자궁 속 떠올리기' 프로젝트는 실패란 말인가.

그러던 찰나, 푸하하! 나와 남편은 파안대소를 했다. 세상에, 아이가 튜브 위에 둥둥 떠서 잠이 든 것이다! 처음에는 컨디션이 나빠진 게 아닐까 걱정스런 마음에 아이를 물 밖으로 꺼내 잠을 깨웠는데, 다시 물속에 들어가서도 아이는 잠에 취했다.

꿈보다 해몽이라 했던가. 처음엔 지나치게 차분한 아이의 반응을 보고 실망했지만, 다시 생각하면 이게 제대로 목표를 달성한 것일 수도 있다는 생각도 들었다. 잠을 잘 정도로 물속이 편했다는 뜻일 수도 있으니까 말이

초보 엄마 숨통 터지는 유모차 여행

다. 배 속에서 살던 아기는 하루의 대부분을 따뜻한 물속에서 잠을 자며 보냈을 테니까. 생후 6개월 아기의 수영장 체험은 이렇게 절반의 성공으로 막을 내리는 듯했다.

그런데 지금까지의 일들을 비웃기라도 하듯, '대박 사건'이 터졌다. 집으로 돌아가다가 휴게소에 차를 세우고 아이에게 젖을 먹일 때였다. 남편은 음료수를 사러 편의점을 간 상태였다.

뿌지직.

경쾌한 소리가 허공을 가를 때만 해도 그저 무심히 '아기가 먹으면서 응가를 했구나.' 생각했다. 육아 반 년이면 응가 정도는 아무렇지도 않게 넘길 수 있는 그런 일상이 아니겠는가. 추가 폭발이 있을 거라 예상했기 때문에 기저귀를 갈지 않고 아기를 들어올려 다른 쪽 가슴을 내주었다. 모든 일들이 종료된 뒤 뒤처리를 하겠다고 여유를 부리면서.

문제는 아이가 수영장 기저귀를 하고 있다는 것이었다. 일반 기저귀를 넣어 둔 가방을 남편이 남자 탈의실로 가져간 터라, 아이에게 수영장 기저귀를 채우고 옷으로 갈아입혔더랬다.

그런데 불행히도 수영장 기저귀의 방어력은 일반 기저귀에 비하면 형편이 없었다. 특히 상대가 물처럼 흐르는 모유변일 때는 더욱 그러했다. 2차 폭발까지 이어지자 속절없이 잔여물들이 밖으로 나왔다. 잠시 얼음이 된 엄마는 전혀 개의치 않는다는 듯, 아이는 너무도 해맑게 잔여물에 손을 뻗어 사방에 바르기 시작했다. 내 손이 닿는 범위 안에는 물티슈도, 휴지도, 가제수건도 없었고, 덕분에 아기를 막기 위해 차 안에서 사투를 벌여야 했다.

10분이라는 시간은 나와 아기의 옷, 카시트, 차 뒷자석 사방에 전투의

참상이 새겨질 만큼 긴 시간이었다. 저 멀리서 다가오는 남편이 보이자마자 "물수건!"을 외치며 SOS를 쳤다. 상황을 대충 수습하고 나니 등 뒤로 땀이 흘렀다. 맙소사, 정말 멋진 결말이군.

    집에 돌아오자 우리는 금세 뻗었다. 1박 2일이 아닌 4박 5일짜리 여행을 한 것만 같은 피로감이 몰려왔다. 하지만 우리 아이가 한 일이 아니라면 '벽에 똥칠'하는 광경을 보고 내가 언제 또 웃을 수 있을까. 고생한 만큼 추억의 크기도 1박 2일이 아닌 4박 5일이니, 아이와의 여행은 언제나 옳다.

따라나서기

화담숲

화담숲은 LG상록재단이 운영하는 135만㎡(약 41만 평) 규모의 수목원이다. 관람객이 산책을 하며 식물을 감상하고 체험할 수 있도록 다양한 테마의 정원과 산책로가 배치돼 있다. 특히 유모차나 휠체어로 이동이 편리하도록 길을 닦고 왕복 모노레일도 설치돼 있다.

홈페이지 www.hwadamsup.com
관람시간 3~5월 08:30~18:00, 6~9월 08:30~18:30, 10~11월 08:30~17:00, 12~2월 휴장. 운영
　　　　　종료 1시간 전까지 입장 가능
이용요금 어른 9천 원, 어린이 6천 원, 24개월 미만 유아 무료(곤지암리조트 투숙객 1천 원 할인)
주차장 화담숲 전용 무료 주차장
유아휴게실 방문자센터 내

전주

폭풍 성장 중인 아기에게 필요한 건 세심함

아기를 낳고 난 뒤 초보 엄마 아빠에게 가장 괴로운 일은 음식점에 마음대로 갈 수 없다는 것이었다. 생후 6개월 이전에는 식탁과 의자가 있는 평범한 음식점에 간다는 것이 사치였다. 아기가 유아용 의자에조차 스스로 앉지 못하니 무조건 유모차에 앉혀야 했다. 그러려면 외출할 때 유모차를 늘 휴대해야 했고, 유모차가 들어가도 폐가 되지 않을 만한 넉넉한 공간이 있는 곳을 찾아야만 했다. 그나마 좌식 좌석이 마련된 곳은 사정이 나은 편이었다. 아기를 휴대용 바운서에 눕힌 채 흔들면 밥을 들이킬 시간 정도는 벌 수 있었으니까.

　만 6개월이 넘어가니 조금은 살 만해졌다. 아이는 아기 의자에 앉아 있을 만큼 허리에 힘이 생겼다. 아기 과자를 먹기 시작해 식사 시간에 잠시 관심을 돌릴 수도 있게 되었다. 드디어 아기띠만 가지고 외출을 했다가 아무 식당이나 들어가 밥을 먹을 수 있게 된 것이었다.

　삼시 세끼 해결에 자신감이 붙자 맛집 탐방을 다시 해 보고 싶어졌다. 초가을 여행지로 식도락의 도시인 전주를 택한 것도 이런 이유에서였다. 말이 살찌는 계절에 맛있는 것을 실컷 먹으면, 막바지에 접어든 육아우울증을 날려 버릴 수 있을 것만 같았다.

　숙소는 최대한 아이를 고려해 잡았다. 한옥을 개조한 게스트하우스는 과감히 선택지에서 지웠다. 주차 공간도, 따로 아이를 씻길 욕실도 없는 곳이 많았기 때문이다. 다행히 한옥마을에서 멀지 않은 곳에 온돌방과 욕조를 갖춘 관광호텔을 발견해 그곳을 예약했다.

1박 2일 여행의 첫날인 토요일, 전주로 내려가는 길은 아수라장이었다. 오전 9시 30분쯤 출발했는데도 서해안고속도로에 진입하는 길부터 막히기 시작했다. 날씨가 환상적인 10월의 첫 주말을 즐기기 위해 산으로 들로 바다로 떠나는 인파가 몰린 것이다. 차가 거북이걸음을 면치 못하자 아이는 짜증을 내기 시작했다. 그러다 보니 여행 초반의 설렘은 느낄 수가 없었다. 아이는 휴게소에서 젖을 먹고 과자로 배를 좀 채운 뒤에야 잠에 빠져들었다.

중간에 아이의 컨디션 탓에 좀 오래 쉬긴 했지만 순수 운전 시간만 5시간이 걸려서 전주에 도착했다. 시작과 동시에 녹초가 된 기분이었다. 이 정도 거리라면 차라리 용산역에서 전주역까지 직행하는 KTX 열차를 타고 내려간 뒤 렌터카를 빌리는 편이 낫지 않았을까? 전주까지의 거리를 너무 가볍게 생각했던 게 아닌지 후회가 밀려왔다.

숙소는 전주 한옥마을에서 1.5km 정도 떨어진 '영화의 거리'에 있었다. 영화의 거리는 매년 5월 전주국제영화제가 열리는 곳으로, 전주의 젊은이들이 모여드는 번화가였다. 숙소에 짐을 풀고 창밖이 어둑어둑해질 무렵 전주 한옥마을을 향해 나섰다. 그곳의 주차 사정이 좋지 않다는 걸 알고 있었기에 유모차에 아기를 태우고 걸어가기로 했다. 큰길로 15분 정도밖에 걸리지 않는 거리여서 굳이 차로 이동하지 않아도 될 것 같았다.

그런데 이게 실수였다. 아이는 대낮처럼 조명이 밝은 영화의 거리를 벗어나 주변이 어둑해지자 심하게 울기 시작했다. 유모차 위에서 홀로 맞이한 어둠이 무서웠던 것 같다. 아차 싶었다. 유모차의 방향을 엄마 보기로 했으면 덜 겁먹었을 텐데……. 이제 와서 이런 생각을 해 봐야 엎질러진 물이었다.

결국 유모차는 애물단지가 되었고 아이는 아기띠와 함께 아빠 품에 안착했다. 왜 자기를 무섭게 만들었냐는 듯 울음으로 시위를 하던 아이는 그제야 미소를 되찾고 여느 때처럼 주변을 탐색하며 함께 여행을 즐기기 시작했다. 무심했던 엄마에게 모든 상황을 아이의 입장에서 생각해 보는 것이

야말로 즐거운 여행을 만드는 기본이라는 걸 다시 한번 깨닫게 해 주면서.

주말 저녁의 전주 한옥마을은 활기찬 분위기로 가득 차 있었다. 우리처럼 아이를 데려온 가족들도 더러 있었지만 대부분 10대 후반에서 20대 후반 사이의 젊은 남녀들이 많았다. 연인끼리 친구끼리 한복이나 80년대 스타일 교복을 빌려 입고 재미있는 포즈를 지으며 거리를 활보하는 모습에

초보 엄마 숨통 터지는 유모차 여행

나까지 활력이 충전되는 느낌이었다. 아이를 낳기 전인 신혼 초에 왔다면 우리도 저렇게 활기차게 놀 수 있었을까. 잠깐 몸이 가벼운 그들이 부럽다는 생각이 스쳤다.

전주 한옥마을은 서울로 따지면 북촌 한옥마을보다는 인사동 골목에 가까웠다. 한때 사람들이 직접 거주했던 한옥은 게스트하우스, 한정식집, 찻집, 한복 대여점 등 상업 시설로 바뀌어 있었다.

한옥마을 내 식당들은 거의 모든 음식점이 좌식이었다. 그래서 스스로 기어 다니기 시작한 아이를 데리고 가기에 좋았다. 탁 트인 마당과 대청마루가 인상적인 한 한식집에 자리를 잡자 아이는 처음 와 본 환경이 신기한지 이리저리 기어 다니고 싶어 했다. 하루 종일 카시트다 아기띠다 자유롭게 움직이지 못해 답답했을 아이를 위해 주변에 폐를 끼치지 않는 선에서 테이블 주변을 탐방할 자유를 주었다.

요즘 특히 소리에 관심이 많은 아이는 부딪힐 때 나는 경쾌한 소리가 좋은지 처음 보는 놋그릇들을 숟가락으로 신나게 두드렸다. 우리 외에는 다른 한 가족 밖에 없는 데다 문을 열어 둔 마루 밖으로 소리가 빠져나가고 있어 아이를 크게 저지하지 않아도 됐다. 비록 쉴 새 없이 아이를 살피느라

'낭만적인 데이트'를 할 수는 없었지만, 가을 바람을 맞으며 한옥에서 세 식구가 북적거리는 것은 또 다른 맛이었다.

한옥마을의 전망대라 불리는 오목대에서는 한옥마을 전경이 내려다보인다.

다음 날은 이른 아침부터 부지런을 떨었다. 한옥마을 인근에 전직 대통령들이 방문했다는 유명한 비빔밥집이 있는데, 오래 줄 서는 것을 피하기 위해 개점 시간에 맞춰 가기로 했기 때문이다. 다행히 작전은 성공이었다. 점심, 저녁시간에는 1시간씩 기다려야 하는 곳이었지만 개점 시간에는 바로 자리가 났다.

기다림 끝에 나온 음식은 왜 전주를 '맛의 도시'라고 하는지 알 수 있을 정도였다. 육회비빔밥과 놋그릇 비빔밥은 입에 넣자마자 녹는 듯했다. 기름기가 자르르 도는 육회와 황포묵, 색색의 나물까지 고명 중 어느 하나 빠지는 게 없었다. 아이가 너무 어려 함께 맛보지 못하는 게 아쉬울 정도였다.

만족스러운 식사를 마치고 본격적으로 전주 탐방에 나섰다. 그런데 유모차에 탄 아이가 얼마 못 가 엉엉 울며 떼를 쓰기 시작했다. 평소 하루 한 시간씩 유모차를 타도 좋아하던 아이인데 말이다. 나중에 찾아보니 유모차를

탔을 때 안 좋은 기억이 있으면 그 뒤로 탑승을 거부한다는데, 전날 어둠 속에서 유모차를 탔던 게 영향을 미쳤던 것 같았다. 다시 한번 아이에게 미안해졌다.

어쩔 수 없이 아기띠를 메고 짐을 유모차에 실은 뒤 다시 발걸음을 재촉했다. 한옥마을의 오전 풍경은 젊음으로 북적거리던 주말 밤과는 또 다른 느낌이었다. 가을 햇살이 물길 위에서 반짝거리고 물레방아가 쏴아아 돌아가며 기분 좋은 소리를 냈다.

한옥마을의 중앙을 가르는 태조로에서 빠져나와 경사진 언덕을 오르니 '전주 한옥마을'이라는 커다란 돌비석이 나왔다. 계속 올라가면 오목대, 이목대, 자만 벽화마을을 가리키는 이정표들이 나온다. 이곳을 둘러보며 '차라리 유모차를 가지고 오지 말걸.' 하는 후회가 밀려왔다. 아이가 아기띠로 이동하고 있으니 유모차는 그냥 짐이었다. 오목대에 가기 위해서는 높은 계단을 올라야 했기 때문에 남편과 번갈아가며 아이와 유모차를 지키며 구경을 했다. 오목대에서 보이는 한옥마을의 전경은 찰나의 사진처럼 눈에만 담을 수밖에 없었다.

육교를 건너 도착한 자만 벽화마을에서도 난관은 이어졌다. 벽화마을은 언덕 위 달동네를 아기자기하게 꾸민 곳인데, 오가는 사람 수에 비해 길이 좁았다. 오르락내리락하는 경사도 만만치 않았다. 이곳을 뚫고 유모차를 밀고 다니는 건 체력도 문제이거니와 여간 민폐가 아니었다.

결국 우리는 과감히 '유턴'을 택했다. 즐거운 여행에서 유모차와 길 탓을 하며 힘들어 할 필요가 있을까. 한옥마을을 온전히 즐기기에도 1박 2일은 부족한데 말이다.

다시 한옥마을로 돌아와 향한 곳은 경기전. 조선을 건국한 태조 이성계의 영정을 봉안한 곳이다. 녹음이 우거진 경기전 내부에는 턱마다 진입판이 있어서 유모차도 다니기 쉽게 돼 있었다. 친절한 안내요원의 도움으로 빈 유모차를 인근에 세워 둔 채 편하게 관람할 수 있었다.

아이는 경기전을 즐기는 듯했는데, 특히 이날 특별 개방된 조경묘의 전시품들에 손을 뻗고 '어, 오' 하는 옹알이를 하며 무언가를 이야기하고 싶어 했다. 전주 이씨 후손들이 제사를 지낼 때 사용하는 제례복, 전통악기, 제기를 가까이서 볼 수 있었는데, 화려한 색감이 아기의 시각을 자극했기 때문인지도 모르겠다. 비록 아이의 말을 알아들을 수는 없었지만 내 나름대로 아이를 이해하며 경기전의 이곳저곳에 대해 설명을 해 줬다. 아기띠를 메고 다니는 건 체력적으로 큰 부담이지만, 살을 맞대고 아이의 반응을 느낄 수 있다는 점에서 유모차에는 없는 장점이 있었다.

경기전을 둘러보고 나니 벌써 2시가 넘은 시간. 점심은 아침에 갔던 그 비빔밥 집을 다시 가기로 했다. 배가 불러 시키지 못했던 육회, 황포묵 등을 먹어 보고 싶었기 때문이다. 하지만 대기 줄이 엄청나게 길었다. 40분을 기다려야 한다는 말에, 남편만 줄을 서기로 했다. 근처 카페에 가서 아이에게 이유식과 분유를 주며 자리가 났다는 전화를 기다렸다.

치열한 노력 끝에 자리를 잡았지만 위기는 또다시 찾아왔다. 음식을 기다리는 사이 아이가 '큰일'을 치른 것이었다. 냄새라도 날까 아이를 안고 급히 일어났지만 화장실에는 따로 기저귀 갈이대가 마련돼 있지 않았다.

다행히 친절한 점원이 마루 한켠에 가림막을 쳐 주어서 그곳에서 뒤처리를 했다. 음식 먹는 곳에서 응가 냄새를 풍기려니 민망함에 얼굴이 붉어졌지만 어쩔 수 없었다. 주변 손님들은 그래도 아기를 키워 본 연세 지긋한 분들이 많아 웃으며 양해를 해 주셨다.

기저귀를 갈고 유모차에 아이를 태우자 아이의 시선이 밥상 위로 꽂혔다. 요즘 부쩍 엄마 아빠가 먹는 음식에 관심이 많아진 아이에게 화려한 색감의 전주 음식은 시선을 사로잡기 충분했다. 하지만 이날 상차림에서 아직 잘게 갈린 이유식밖에 먹을 수 없는 생후 8개월 아기가 먹을 수 있는 것은 아무것도 없었다.

끊임없이 '나에게 처음 보는 저것들을 달라.'는 듯 손짓을 하며 이내 울음이라도 터뜨려 버릴 것 같은 아이에게 어쩔 수 없이 아기 과자를 주었

다. 사람이 많은 음식점에서 식탁을 난장판으로 만들어 버릴 순 없으니 말이다. 그나마 입에 넣어도 될 것 같은 상추와 당근을 아이에게 주었더니 한 손에는 과자를, 한 손에는 당근을 쥔 채 그제야 만족스럽게 웃었다.

아이가 잠시 이것들을 탐색하는 사이 정신없이 밥을 먹었다. 사물을 탐색하는 아이의 집중력은 채 10분을 버티지 못한다. 여행지에서는 끊임없이 '새로움'이 공급된다는 장점이 있지만, 그렇다고 넋 놓고 있다가는 주변에 민폐를 끼치는 난감함을 맛보게 된다. 허겁지겁 먹으니 아무리 진수성찬이

태조 이성계의 영정을 봉안한 경기전
각종 전시품들이 눈길을 끌었다.

라도 아침에 먹었던 것처럼 꿀맛으로 느껴지지는 않았다.

경기전 돌담길을 따라 한옥마을을 빠져나가며 전주의 전통술인 모주를 잔뜩 샀다. 모주는 제조사에 따라 다르지만 알코올 농도가 0% 대로 술이라기보다는 달콤한 한약 같았다. 술을 좋아하지만 모유 수유 때문에 밤마다 무알콜 맥주만 들이켜야 했던 나에게 주는 선물이었다. 이 정도 도수라면 잠자는 4~5시간 사이에 충분히 분해가 되지 않을까 생각하며.

이제 전주를 떠나 다시 서울로 갈 시간. 아이가 태어난 후부터는 차 속에서 피곤함을 달래며 잠을 잘 수도 없다. 늘 아이의 상태를 살피며 경계 태세를 갖춰야만 했다. 아이는 피곤함에 내리 잠을 잤지만, 간간히 깨어나 우

초보 엄마 숨통 터지는 유모차 여행

리를 애먹였다. 특히 활동이 많아진 생후 8개월의 아이는 차 안을 돌아다니고 싶어했다. 카시트에 앉히기만 하면 힘차게 뒤집고는 앞으로 튀어나가려 했다. 더구나 밤이었기에 혼자 있기보다는 엄마 품에 있고 싶어 했다. 하지만 사고가 나면 자칫 크게 다칠 수 있는 고속도로였기에 동요 테이프, 장난감, 거울을 총동원해 아이를 겨우 달랬다. 힘들어 하는 아이의 모습은 안타까웠지만 안전을 위해서는 어쩔 수 없었다.

초보 엄마들은 늘 '내가 아이를 잘 키우고 있을까.'에 대한 고민을 한다. 아무리 똑똑하고 의지가 굳은 사람도 처음 해 보는 육아라는 일 앞에서는 한없이 작은 존재가 된다. 어른들만의 여행도 항상 순조롭지만은 않다는 걸 머리로는 알고 있으면서도, 여행지에서 아이가 조금이라도 힘들어하면 덜컥 내 육아 방식이 맞는지 겁부터 난다.

사실 전주 여행은 이때까지 다녀온 여행 중 가장 힘들었다. 그 이유는 아이가 하루가 다르게 변하고 있다는 사실을 살짝 잊었기 때문이 아닐까. 어느덧 9개월을 바라보는 아이는 신체 활동이 가능해지고 호기심이 많아졌으며 엄마와의 애착이 강력해졌다. 이런 걸 미리 숙지하지 않으면 여행은 어른들의 핑잔처럼 그냥 '어른 좋자고 떠난 것'이 될 수밖에 없었다. 아이와 함께 즐겁기 위해선 아이에 대한 배려가 필요했다. 앞으로는 좀 더 아이의 발달 상황을 세심히 살피며 여행을 준비하겠다고 반성해 본다.

따라나서기

전주 한옥마을

일제강점기인 1930년대 일본인 거주지구에 대한 반발로 교동, 풍남동 일대에 한옥을 짓기 시작하면서 마을을 이루게 됐다. 지금은 자연스러운 멋을 간직한 한옥마을로 이름이 알려지면서 수많은 관광객이 찾는 명소가 됐다.
주변에는 풍남문, 전동성당, 경기전, 오목대 등 유적지와 전통술 박물관, 전통공예품 전시관 등 관람시설들이 모여 있어 볼거리가 많다.

주차 한옥마을 공영주차장(일일 1만 2천 원), 치명자산천주교성지주차장(무료, 셔틀버스 운행), 풍남초등학교 운동장(무료, 주말 및 공휴일에만 이용 가능), 전주 정보문화산업진흥원 주차장(무료) 등

풍남문

전주에 있는 옛 전주읍성의 남문. 1767년 화재로 불탄 것을 당시 관찰사인 홍낙인이 다시 지으면서 지금의 이름을 붙였다. 대한제국의 마지막 황제인 순종 때 전주읍성의 성곽과 풍남문을 제외한 다른 성문들은 모두 철거돼 지금의 모습이 되었다. 지금은 전주의 중심지로 한옥마을에 곧 들어섬을 알리는 입구 같은 존재가 됐다.

전동성당

호남 지역의 가장 오래된 서양식 건축물로 1914년에 완공됐다. 서울의 명동성당, 대구의 계산성당과 함께 대한민국 3대 성당으로 꼽힌다. 원래는 전라감영이 있던 자리로 우리나라 천주교 첫 순교자가 나온 곳이기도 하다. 영화 〈약속〉에서 남녀 주인공이 텅 빈 성당에서 슬픈 결혼식을 올리는 장면을 촬영한 곳으로 유명하다.

홈페이지 www.jeondong.or.kr
개방시간 평일 09:00~18:00(하절기), 09:00~17:00(동절기)이나 미사, 행사 등이 있을 경우 출입이
　　　　　　제한될 수 있음.

경기전

조선 왕조를 건국한 태조 이성계의 어진(왕의 초상화)을 봉안하기 위해 태종 10년(1410년)에 지어진 건물. 태조 이성계의 어진은 전주뿐만 아니라 경주, 평양, 개경, 영흥 등 총 6곳에 봉안되었으나 오직 전주의 어진만이 남아있다. 내부에는 〈조선왕조실록〉을 보관했던 전주사고와 어진에 관한 다양한 지식을 얻을 수 있는 어진박물관 등이 있다.

입장료 일반: 어른 3천 원, 어린이 천 원/전주시민: 어른 천 원, 어린이 500원
이용시간 3~10월 09:00~19:00, 11~2월 09:00~18:00, 관람권은 종료 1시간 전까지만 판매.

오목대

전주 한옥마을 동쪽에 있으며 태조 이성계가 고려 말 우왕 6년(1380년)에 황산에서 왜군을 무찌르고 돌아가던 중 본향인 전주에 들러 승전고를 울리며 자축한 곳이다. 언덕 높이 있는 오목대에 오르면 전주 한옥마을의 전경이 한눈에 보여서 '한옥마을 전망대'라는 별명도 갖고 있다.

자만 벽화마을

한국 전쟁 때 피란민들이 정착하며 만들어진 달동네였으나 2012년 녹색둘레길 사업이 시작되면서 벽화마을로 탈바꿈했다. 40여 채의 주택과 골목이 아기자기한 벽화로 장식돼 있어 젊은층에게 특히 인기가 높다. 오목대와 연결돼 있으며 높은 곳에 자리 잡고 있어 전주 한옥마을을 한눈에 내려다볼 수 있다.

따끈한 온천과 철새에 빠지다

창녕

늦가을 노천 온천에 빠지다

임신 기간에는 할 수 있는 것보다 하지 말아야 할 것이 더 많다. 술, 커피 등을 못 먹는 것은 당연지사. 뜨거운 물에 담그는 것조차 허용되지 않는다. 욕조 목욕이 태아의 신경계 이상을 초래할 수 있다는 섬뜩한 경고 때문이다. 그래서인지 임신 막바지가 될수록 온몸이 붓고 쥐가 났던 많은 임산부들이 목욕물에 몸 한번 뜨끈하게 지지는 게 소원이라고 한다. 나 역시 마찬가지였다.

하지만 막상 아기를 낳고 나서도 여유 있게 물에 몸을 담글 시간은 허락되지 않았다. 젖을 달라 응가를 치워 달라 시시때때로 울어대는 아이를 홀로 돌보다 보면 물을 받고 있을 시간에 잠 한 톨이라도 더 자고 싶었다. 그렇게 나에게 목욕은 10개월 가까이 멀기만 한 존재였다.

갑자기 온천이 간절해진 건 가을에 접어들어서였다. 날씨가 서늘해졌기 때문이기도 하고 육아가 몸에 익어서 딴 생각이 들어서일 수도 있다. 어쨌든 '뜨거운 물에 마음껏 몸을 지지고 싶다.'는 소박한 소원을 풀기 위해 창녕 여행을 계획했다.

창녕에는 '니가 가라 하와이~.'라는 농담으로 잘 알려진 부곡온천이 있다. 전국에서 가장 뜨거운 78도의 온천이 나온다는 곳이다. 또 원시의 모습을 간직한 우리나라 최대의 자연습지 우포늪이 있어 늦가을 여행지로 '딱'이었다.

시간을 내기 힘든 남편을 제쳐 두고 이번 여행은 친정 부모님과 함께 떠나기로 했다. 숙소는 부곡온천에 있는 관광호텔로 잡았다. 이 일대에서 가장 큰 곳이었는데 워터파크, 노천 온천, 놀이공원 등 아이가 즐길 거리가 많아 보였기 때문이다.

11월 초, 평일 오전의 하행선은 차량이 별로 없어 한산했다. 쭉 뻗은 고속도로는 다소 밋밋했지만 단풍이 더해지니 5시간이 넘는 이동 시간도 참을 만했다. 늦가을 단풍은 서울에서는 끝물이었지만 남쪽으로 갈수록 절정이라 보는 맛이 있었다.

자동차에 아이가 좋아하는 장난감과 그림책, 동요 CD, 과자를 가득 준비한 덕분인지, 아이도 힘들어 하지 않고 버텼다. 아이가 신생아 티를 벗고 깨어 있는 시간이 많아진 뒤에는 이런 준비물들이 필수가 됐다. 휴게소에서 차를 세우며 쉬엄쉬엄 가니 카시트 거부도 심하진 않았다.

숙소에 도착한 후 바로 워터파크에 갈 준비를 시작했다. 오랜만에 보는 물놀이 도구를 보고 아이는 무척 신기해했다. 특히 튜브에 바람을 넣을 때 쓰는 발펌프를 매우 좋아했다. 외할아버지가 발 펌프를 구를 때마다 튜브가 커지자 깔깔 웃으며 쫓아다녔다. 또 발 펌프에서 나오는 바람을 손, 발 등 구석구석에 쐬어 주자 꺄르륵거리며 즐거워했다. 이제보니 발 펌프는 너무나 훌륭한 촉감놀이 도구였다.

생후 6개월 때 갔던 수영장과 마찬가지로 이곳 탈의실도 아기를 눕힐 만한 시설이 없었다. 이제는 아이 스스로 앉을 수 있게 돼 그런 시설이 필요치 않았지만 말이다. 여전히 챙길 건 많았지만, 만 9개월을 넘긴 아이와의 수영장 나들이는 그때와는 비교할 수 없을 정도로 수월했다.

성수기가 아닌 가을의 평일이라 그런지 워터파크에는 정말 단 한 사람도 없었다. 풀장은 개방이 돼 있지만 조명도 어두컴컴하게 조절이 돼 있어 운영을 하는지조차 알 수 없는 상태였다. 지나가던 직원이 평일에는 사람이 거의 없다며 아기가 있으면 노천 온천이 낫다고 안내를 했다.

초보 엄마 숨통 터지는 유모차 여행

노천 온천 역시 드문드문 오가는 사람이 있긴 했지만 거의 우리 차지였다. 물은 목욕물 정도로 따뜻해 마음껏 온천을 하고 싶었던 소원을 풀었다. 1년 반 동안 온천은 고사하고 목욕도 제대로 하지 못한지라 어찌나 기쁜지.

들뜬 엄마와 달리 물에 들어간 아이의 표정은 미묘했다. 생후 6개월 수영장에서 봤던 모습과 크게 달라지지 않았다. 물 밖에서 신나게 가지고 놀았던 보행기 튜브를 태워 줘도 다리를 움직이지 않았다. 집에서 욕조 목욕을 할 때는 나오기 싫어할 정도로 신나했는데 의외였다.

차라리 튜브에서 꺼내 주는 게 낫겠다 싶었다. 발이 닿지 않고 떠 있는 느낌이 익숙하지 않아서 그랬던 것일까. 엄마 품에 안기자 아이는 한결 안정을 되찾았다. 손으로 물을 튀기기도 하고 마치 수영을 하는 것처럼 엎드린 자세를 취하며 발장난을 쳤다.

야외였지만 물이 따뜻해 아이는 특별히 추워하지 않았다. 더 놀고 싶었지만 너무 오래 있는 것도 아이에게 좋지 않을 것 같아 온천을 나왔다. 못내 아쉬운 마음에 가기 전에 한 번 더 온천에 몸을 담글 것을 기약하면서 말이다.

숙소인 관광호텔 내에는 자연사 전시관이 있어 수많은 동물 박제를 볼 수 있었다.

싸 가지고 온 떡과 과일들로 저녁을 가볍게 해결한 뒤 아기띠를 메고 호텔 구경에 나섰다. '자연사 전시관'에는 동물의 박제가 엄청나게 많이 전시돼 있었는데, 아이는 아직 사물과 자신 사이에 있는 유리라는 존재를 인식하지 못하는 것 같았다. 눈앞에 보이는 박제에 손을 뻗었다가 유리에 막혀 만질 수 없자, 당황하면서도 재미있다는 반응을 보였다.

자동차로 하는 늦가을 우포늪 일주

둘째 날 아침이 밝자마자 또다시 온천을 찾았다. 이번에 갈 곳은 대중목욕탕으로 꾸며진 실내 온천이었다. 아이를 할머니에게 맡길까 고민하다가 함께 가기로 했다. 전날의 경험에 비추어 봤을 때 괜찮을 것 같았다.

실내 온천도 수영복을 입지 않는 것을 빼면 야외 온천과 다를 바가 없었다. 아이와 함께 중간 온도의 탕에 들어갔더니, 품에 안긴 채 전날처럼 첨벙첨벙 물장구를 치며 놀았다.

아이와 함께여서 불편한 점은 아주 뜨거운 탕에 들어가지 못한다는 것이었다. 때도 밀고 머리도 감으며 여유있게 목욕을 하는 것도 어려웠다. 고작해야 아이를 씻기며 함께 비누칠을 하고 샤워기로 훌훌 씻어 내는 게 다였다. 하지만 씻는 것이야 객실로 돌아가 마무리를 지을 수도 있으니까. 조금 번거롭긴 해도 아이와의 온천은 해 볼 만한 도전이었다.

온천을 마친 뒤 짐을 싸면서 나는 살짝 당황을 했다. 전날 끓여 온 물을 비우고 새 물을 준비하려는데 호텔 객실에 커피포트가 보이지 않았던 것이다. 콘도는 아니었지만 지금까지 갔던 호텔에는 늘 커피포트가 있었기에 따로 신경을 쓰지 않았던 게 화근이었다. 아직 위장이 약한 아이를 위해 항상 끓여서 식힌 물만을 먹였기 때문에 난감하기만 했다.

호텔에서는 원하면 데스크에 있는 커피포트로 물을 끓여 준다고는 했지만, 공용 커피포트가 얼마나 깨끗할지 걱정이 됐다. 생후 4개월께 아이가 장염에 걸려 며칠 설사로 고생을 했던 기억이 있었기에, 괜히 온천을 하고 싶다는 엄마의 욕심이 아이를 힘들게 할까 봐 걱정이 되었다.

그런데 그때, 비슷한 또래의 아이를 둔 친구가 준 아기용 멸균수가 생각이 났다. 혹시나 해서 짐 속에 몇 개 챙겨 왔는데, 하나 정도면 집에 도착할 때까지는 충분히 먹일 만한 양이었다. 평소 먹던 물과 맛이 달라 아이가 안 먹으면 어쩌나 걱정이 됐는데, 의외로 맹물보다도 루이보스향이 살짝 나는 이 물을 더 잘 먹었다. 어쩌나 다행인지. 덕분에 아이는 여행을 마칠 때까지 물 때문에 고생하지 않고 건강하게 지낼 수 있었다.

부곡온천에서의 마지막 일정은 식물원과 놀이공원 구경이었다. 여기서도 아이가 가장 큰 관심을 가진 것은 유리였다. 놀이공원을 한 바퀴 도는 관람차를 타고 출발을 기다리고 있을 때였다. 외할머니가 관람차 유리창 앞에 서 있었는데, 아이가 외할머니 쪽으로 손을 뻗어도 만질 수 없었다. 그러다 마치 '까꿍놀이'를 하는 것처럼 비켜 서면 만질 수 있게 되었다. 아이는 '꺅꺅' 소리를 지르며 짜릿해했다. 눈에 보여도 만질 수 없게 가로막고 있는 유리의 특성을 과연 이해했을까?

이제 우포늪으로 떠날 시간이다. 아이와 우포늪을 제대로 즐기기. 여행 오기 전부터 엄청나게 고민했던 결과물을 받아 들 시간이 왔다.

경남 창녕군에 있는 낙동강과 연결된 거대한 늪지를 보통 '우포늪'이라고 부른다. 그러나 우포늪은 전체를 구성하는 늪지 중 가장 큰 늪지의 이름일 뿐이다. 사실은 우포늪, 목포늪, 사지포, 쪽지벌이라는 4개의 늪이 모여 70만 평의 습지를 이루고 있다.

우포늪을 즐기는 방식은 여러 가지가 있겠지만, 가장 좋은 방법은 튼튼한 두 다리로 4개의 늪을 모두 돌아보는 것이다. 둘레길인 '우포늪 생명길'을 다 돌아보는 데 3~4시간이면 되니 반나절 코스로 부담스러운 거리는 아니다.

문제는 아기가 있을 때다. 울퉁불퉁한 숲길을 아기를 메고 3~4시간을 걷는 건 아기에게도 엄마 아빠에게도 힘든 일이다. 그래서 대개의 부모들은 우포늪 생태관 쪽 주차장에 차를 세우고, 전망대까지 이어진 우포늪 일부를 보는 정도로 일정을 마무리 짓게 된다.

하지만 우포늪만 보는 건 원시 자연 늪지의 매력을 10분의 1도 보지 못

하는 것이다. 아이가 없을 때 이미 전체를 돌아본 적이 있기 때문에 잘 알고 있었다.

최대한 차로 우포늪의 경관을 놓치지 않고 보는 방법이 어떤 게 있을까. 출발 전부터 고민을 거듭한 끝에 우포늪 사진을 찍는 출사족들의 방식을 써 보기로 했다. 차로 마을길을 달리다 주요 포인트에서는 잠시 내려 풍경을 감상하는 식이다.

부곡온천에서 빠져 나온 차는 창녕 읍내를 지나 우포늪 인근 마을로 접어들었다. 우포늪 북쪽은 자연보호 구역으로 철저히 관리가 되고 있어서 관광지라고 믿기 힘들 만큼 한적했다. 음식점조차 거의 없을 정도였다.

우리는 우포늪의 특산물인 붕어 요리를 해 주는 몇 안 되는 음식점에서 식사를 하고 주매리 마을로 접어들었다.

주매리 마을의 끝에는 사지포와 우포를 가르는 첫 번째 목적지 '사지포제
방'이 있었다. 이정표도 따로 없고 내비게이션에도 잡히지 않아 식당에 길
을 물어가며 어렵게 도착한 이곳에서는 끝없이 펼쳐진 갈대 바다가 한눈에
보였다. 반대편 사지포의 물 위에는 하얀 고니가 유유히 앉아 있었다. 제방
에 나 있는 갈대를 당겨 아이의 볼을 간질였더니 아이는 처음 느껴 보는 촉
감이 신기해서인지 아니면 그저 간지러워서인지 네 개 밖에 없는 이를 드
러내고 환하게 웃었다.

차를 타고 비포장도로를 따라 가다 서다를 반복하며 소목제방, 소목나
루터, 소목마을을 차례로 둘러봤다. 아이는 소목나루터쯤부터 낮잠을 자야
할 시간을 맞아 깊은 잠에 빠져들었다. 함께 있어도 이 멋진 풍경을 함께
하지 못한다는 건 너무나 아쉬운 일이었다.

소목마을에서는 늪을 따라 비포장도로가 계속 이어졌다. 지도상으로는
목포와 쪽지벌, 낙동강 지류인 토평천까지 이어지는 길이었다. 그러나 길

초보 엄마 숨통 터지는 유모차 여행

을 잘못 들어 중간에 큰길로 나오고 말았다. 내비게이션이 비포장도로가
아닌 큰길로 계속 안내를 한 탓이었다. 늪지를 계속 끼고 달리려면 우포늪
생태관이 아닌 중간 목적지를 찍고 움직였어야 했다.

　꿩 대신 닭이랄까. 그래도 가는 길에 창녕 풍경을 볼 수 있었던 건 기대
하지 않았던 선물이었다. 마을 어귀의 볕이 잘 드는 동산마다 잘 익은 감이
주렁주렁 달린 감나무가 가득했다. 평지에는 양파 잎사귀가 새싹처럼 파랗

게 오밀조밀 돋아 있었다. 단감과 양파가 유명한 지역다웠다.

마지막 목적지는 우포늪 전망대였다. 우포늪 생태관 쪽 세진주차장에 주차를 하고 우포늪 전망대로 걸었다. 하지만 결국 함께 간 할아버지, 할머니만 우포늪 전망대에 올랐다. 혼자 올라가기에도 버거워 보이는 100여 개의 계단을 아이를 안고 올라갈 자신이 없었기 때문이다. 다행히 기다림은 전혀 지루하지 않았다. 아이와 길섶에 난 풀, 땅에 굴러다니는 돌, 스치는 사람들을 보며 손장난을 쳤는데, 분주한 아이의 모습을 흐뭇하게 지켜보며 반응해 주다 보니 30분이 금방 지나갔다.

같은 자동차 이동이라도 아이는 서울로 돌아가는 길을 훨씬 힘들어했다. 역시나 어둑어둑한 차 안에서 엄마와 떨어져 카시트에 있어야 한다는 게 싫은 것 같았다. 하지만 엄마가 해 줄 수 있는 건 노래 불러주기와 장난감 흔들어 주기 밖에 없었다. 아이는 한참을 보채다가 지쳐 잠이 들었다.

이번 가을 여행은 나에게 큰 선물 같았다. 24시간을 아기에 매어 있는 엄마가 출산 전부터 참고 있었던 '버킷리스트'를 달성할 수 있었으니까 말이다. 아이도 힘들기만 한 것은 아니었을 거다. 온천에서, 놀이공원에서 엄마와 행복을 공유하며 집에서와는 비교도 할 수 없을 정도로 많이 웃었으니까. 이 정도라면 여행지에서의 약간의 불편과 고생은 충분히 감수할 만한 게 아닐까 하는 생각이 들었다.

아기를 위해 자신을 억누르기보다는 적극적으로 자신을 찾는 게 필요하다. 엄마가 행복해야 아기도 행복하다.

따라나서기

부곡온천

1970년대부터 본격적으로 개발돼 전국에서 가장 많은 사람이 찾는 온천이다. 전국에서 가장 뜨거운 78도의 물이 나온다. 이곳의 물은 약알칼리성의 유황천으로 만성피부병, 관절염 등에 효과가 있는 것으로 알려져 있다.

부곡온천 관광특구에는 20여개의 숙박업소가 영업 중이다. 1970~80년대 전성기를 지나며 한때 쇠락됐다는 평을 들었지만, 최근 리모델링 후 다시 문을 연 곳들이 많아 시설 면에서 빠지지 않는다.

홈페이지 bugok.cng.go.kr

우포늪

우포, 목포, 사지포, 쪽지벌 등 4개의 습지로 이뤄진 우리나라 최대 자연습지. 낙동강 지류인 토평천 유역에 1억 4,000만 년 전 한반도가 생성될 시기에 만들어졌다. 노랑부리저어새, 큰고니 등 천연기념물들이 서식 중인 생태계의 보고다. 1998년 람사르협약 보존습지로 지정됐으며 2008년 이곳에서 람사르총회가 열려 세계적인 명성을 얻었다.

우포늪의 생태 환경에 대해 자세히 알고 싶으면 우포늪 생태관을 방문하면 된다. 이와 별도로 우포늪 주변의 세진·신당·주매·장재마을 등에서 생태 체험관 및 프로그램을 운영 중이다.

4개의 습지 전체를 둘러볼 수 있는 '우포늪 생명길' 코스도 개발돼 있다. 자전거나 유모차로는 우포 주변 일부 코스만 갈 수 있으며 전체를 보려면 도보로 이동해야 한다.

홈페이지 www.upo.or.kr
주차 우포늪 생태관 인근 세진주차장, 소목마을 내 소목주차장
이용시간 우포늪 생태관 09:00~18:00, 월요일(월요일이 공휴일인 경우는 그 다음 날) 휴원. 우포늪
　　　　　전망대 09:00~18:00(하절기), 09:00~17:00(동절기)
이용요금 우포늪생태관 어른 2천 원, 어린이 천 원/우포늪 및 전망대는 무료
유모차 대여 및 수유실 우포늪 생태관 내부

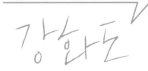

당일치기 여행의 매력

바다를 보는 데 필요한 건 단 1시간

　아이를 낳고 나서 한동안의 나들이 공식은 '당일치기=서울'이었다. 기껏 멀리 떠나는 게 마포구에 있는 집에서 강남보다도 가까운 일산 정도였다. 아이와 차를 오래 타는 게 부담스러웠기 때문이다.

　그러다 강화도를 간 건 반쯤 충동적이었다. 육아우울증과 피로감이 한창이었던 7월의 어느 주말, 조금이라도 쉬고 싶은 마음이 간절해졌을 때였다. 집에서는 최고의 민감도를 자랑하는 '등 센서'를 뽐내며 바운서 위에만 내려놓아도 보채던 아이는 신기하게도 밖에만 나가면 천사가 됐다. 카시트든 유모차든 아기띠든 눕혀 놓으면 신기하게 잠이 들었다. 물론 아이와 집

　　　　　　　　　　　　　　　초보 엄마 숨통 터지는 유모차 여행

밖에 나서는 건 긴장의 연속이지만, 집 안에 갇혀 아이의 투정을 감내하기
보다는 어딘가로 떠나는 편이 정신 건강에 이로울 것 같았다.

그런데 강화도는 생각보다 너무 훌륭한 당일치기 여행지였다. 우선 서울
에서 1~2시간만 달려가면 닿을 정도로 가까웠다. 섬으로 진입하자 서해의
아름다운 풍광, 탁 트인 평야가 눈을 정화시켜 줬다. 계획 없이 차로 달리
는 것만으로도 우울한 마음이 진정이 되었다.

가장 만족스러웠던 곳은 우연히 방문한 한 찻집이었다. 전통차와 보리
찜 떡을 파는 곳이었는데 방 하나를 통째로 차지할 수 있어 공간이 무척 여
유로웠다. 행여 아이가 피해를 줄까 주변의 눈치를 보기 바쁜 서울의 인구
밀도 높은 카페와 비교하면 천국이었다. 아이는 엄마 품에 안겨 마음껏 옹
알이도 하고 장난을 칠 수 있었으며, 창문 밖으로 보이는 푸른 여름의 논도

청량하기 그지없었다.

　강화도의 매력에 빠진 우리 가족은 그 뒤로도 당일치기로 떠나고 싶을 때는 어김없이 이 섬을 떠올렸다. 6개월 동안 무려 3번이나 강화도를 다녀온 것이다.

　두 번째로 강화도에 온 건 여름만큼이나 더웠던 9월 중순의 어느 날이었

　　　　　　　　　　　　　　　초보 엄마 숨통 터지는 유모차 여행

다. 무계획 드라이브를 했던 첫 여행처럼 이번에도 광성보 딱 한 곳만 방문하는 단순한 일정을 세웠다.

점심을 먹고 출발해서 올림픽대로, 김포한강로를 타고 쭉 달렸다. 길이 막히지 않으면 한 시간 반정도 지나 초지대교가 눈에 들어오고, 이곳을 넘으면 바로 강화도였다. 광성보는 강화도에 진입한 뒤 약 15분 정도면 도착할 수 있었다. 여러 요새 중 광성보를 목적지로 택한 것은 유모차로 산책하기 좋다는 이야기를 들어서였다.

도착해서 유모차에 아기를 태우고 조금 걸으니 정면으로 '안해루'라는 간판이 붙은 성문이 있었다. 성문을 통해 성곽 밖으로 나가자 강화해협이 한눈에 바라다 보이는 산책로가 있었다. 산책로는 대부분 보도블록이 깔려 있어서 듣던 대로 유모차가 다니기에 큰 불편함이 없었다.

날이 좋은 가을 주말임에도 불구하고 광성보는 붐비지 않고 한적했다. 곳곳에 놓여 있는 벤치 중 한 곳에 자리를 잡고 앉아 가을 햇살을 즐기기로 했다. 어느덧 만 8개월에 접어든 아이는 이제 유모차에서 자는 시간이 확 줄어들었다. 대신 끊임없이 두리번거리며 주변을 둘러보고 새로운 풍경을 흡수했다. 어떨 때는 잠도 자지 않으면서 너무나 조용한 아이가 도대체 무엇을 하는지 궁금해, 가는 길을 멈추고 유모차 앞으로 가 아이와 눈을 마주치곤 할 정도로 바깥 세상에 집중했다. 이제 슬슬 아이도 세상과 호흡할 시기가 되었나 보다.

광성보의 정문 격인 안해루 밖으로 나오자 한쪽에는 광성돈대가, 반대쪽에는 숲길이 보였다. 광성돈대에서는 조선 시대 해군들이 사용하던 대포와 소포를 볼 수 있고 성곽을 올라가 볼 수 있었지만, 유모차로 다니기에는 계단이 많고 길이 울퉁불퉁했다. 그래서 바깥에서 내부를 살짝 들여다보는 것으로 만족하고 숲길 쪽으로 방향을 바꿨다.

　낑낑대고 유모차를 밀며 오르막길을 오르자 등 뒤로는 소나무와 단풍나무가, 눈앞에는 바다가 시원스레 펼쳐졌다. 계속 길을 따라가니 신미양요 당시 벌어졌던 혈투를 짐작할 수 있는 역사적 유적들이 나왔다. 또 높은 곳에서 강화 일대를 내려다 볼 수 있는 순돌목돈대와 가까이에서 바다를 향해 걸어갈 수 있는 용두돈대가 서로 다른 매력을 뽐냈다.

　　　　　　　　　　　　　　　　　초보 엄마 숨통 터지는 유모차 여행

광성보를 다 둘러보고 지난번에 갔던 찻집에서의 편안했던 기분을 다시 느끼고 싶어서 한 카페에 자리를 잡았다. 카페 마당은 가을을 맞아 활짝 핀 코스모스와 국화가 가득 메우고 있었다. 햇빛이 잘 드는 창가 쪽 자리에 앉아 커피 한잔을 마시니 나른함이 몰려왔다. 가을이 온 뒤 평일에도 날씨가 좋으면 수시로 아이를 데리고 밖으로 나오긴 했지만, 근교에서 쏘이는 햇살은 그때와 비교할 것이 못됐다. 단지 서울을 벗어낫다는 것만으로도 모든 것이 좋아 보이는 걸지도 모르겠다.

강화도

아기, 노을로 물든 하늘을 보다

강화도를 다시 찾은 건 12월 무렵이었다. 겨울이 온 뒤 집 밖에 나가지 못하고 웅크리고 있는 생활에 질릴 때쯤 반짝 날이 따뜻해졌다. 이때다 싶어 오전부터 부산을 떨었다. 아이도 오랜만의 외출이 기쁜지 아기띠에서 팔짝팔짝 발을 굴렀다.

위기는 꼭 방심했을 때 찾아온다. 차를 타고 20분쯤 달렸을까, 아이가 분수 같이 구토를 하기 시작했다. 모유 수유를 중단하고 분유를 먹기 시작하면서 구토가 잦아졌는데, 내용물이 나오는 속도가 빠른 젖병에 아직 적응을 못하고 젖을 빨 듯 너무 세게 젖꼭지를 빨아서인 것 같았다. 단유 후 첫 나들이였기에 적잖이 당황할 수밖에 없었다. 뒷좌석은 물론이고 아이와 내 옷 그리고 아기띠는 어느덧 토 범벅이 됐다.

구토를 한 뒤 속이 편해졌는지 아이는 엄마 속도 모르고 말갛게 웃었다. 그 웃음을 보니 잠시 찡그렸던 인상이 절로 펴지며 마음이 풀어졌다. 그래, 오늘만 날인가. 몇 군데 못 간다고 대수겠는가. 일단 집으로 차를 돌렸다. 하루 종일 냄새 나는 옷을 입고 다니느니 오전 일정을 건너뛰더라도 상큼한 기분으로 떠나고 싶었다.

이래저래 시간을 지체한 탓에 2시가 다 되어서야 강화도에 닿았다. 날도 차고 배도 고파 일단 배부터 채우기로 하고 강화도 중앙시장 근처에 있는 한 식당으로 갔다. 강화도에서 나는 제철 농산물로 만든 '집밥' 스타일의 식사를 내기로 유명한 곳이었다. 가정식 백반을 시키니 순무김치, 콩비지, 깻잎절임 등 직접 만든 반찬들과 고슬고슬한 콩밥이 상을 메웠다.

음식의 맛은 기대했던 것보다는 평범했다. 하지만 자극적인 조미료 없이 재료 그대로의 맛을 살린 음식들은 속을 편안하게 해 줬다. 또 강화도의 특산품 순무로 담근 김치의 시원하고 달짝지근한 맛은 입안을 계속 맴돌았다.

다음 행선지는 강화도에서 가장 큰 절인 전등사였다. 워낙 이름난 곳이기에 강화도 여행 코스를 짜면서 자연스럽게 택한 곳이기도 하다. 전등사에는 동문과 남문 두 곳에 주차장이 있다. 우리는 남문 주차장에 차를 세웠는데, 동문 주차장에서 출발하는 길은 계단이 많아 유모차를 갖고 갔다가는 낭패를 보게 된다는 정보를 미리 들었던 덕분이었다.

남문주차장에서 전등사로 들어가는 길은 듣던 대로 유모차가 다닐 수 있는 비탈길이었다. 하지만 '다닐 수 있다'는 것은 결코 '다니기 쉽다'는 뜻은 아니었다. 입구부터 삼랑성까지 이어지는 약 300m의 길은 잘 정비돼 있었지만, 경사가 제법 심했다. 아기 짐을 잔뜩 짊어진 엄마와 유모차를 밀어야 하는 아빠는 헉헉거릴 수밖에 없었다. 유일하게 여유로운 건 유모차에 탄 아이뿐이었다. 이럴 땐 아이가 부럽기만 하다.

다행히 일요일 오후임에도 전등사에 올라가는 소나무숲길은 붐비지 않았다. 단풍철이 지난 데다가 유모차가 없는 방문객들은 진입로 쪽에서 더 가까운 동문주차장을 많이 이용하기 때문인 것 같았다.

느린 걸음으로 20분쯤 올라갔을까, 전등사의 일주문 격인 삼랑성 남문(종해루)이 보였다. 삼랑성은 단군의 세 아들들이 쌓은 성이라는 전설이 내려오는 곳이다. 처음에는 토성이었지만 삼국 시대를 거치면서 지금의 형태를 갖추게 되었다고 한다. 남문을 통과하는 주 출입로는 가파른 계단길이지만, 유모차가 지나갈 수 있도록 빙 둘러 올라가는 길이 있었다.

남문을 지나자 전등사 경내가 눈에 들어오기 시작했다. 사실 전등사는 여느 유명 사찰처럼 규모가 큰 편은 아니었다. 그래도 대웅전 처마 밑 네

귀퉁이를 떠받치고 있는 나인상, 600년 된 아름드리 고목과 같이 아기자기한 볼거리들이 있었다. 대웅전 앞에서 바라다 보이는 정족산성의 오후 풍경은 한 폭의 그림 같았다.

하지만 안타깝게도 조용한 사찰 풍경을 보며 마음의 여유를 찾고 싶었던 소망은 곧 물거품이 되었다. 한창 대웅전을 보고 있을 때 아이가 절이 떠나가라 울기 시작했기 때문이다. 단풍이 지나가 버린 적막한 절의 풍경을 한 시간쯤 보고 있자니 지겨워졌나 보다.

이 사태를 어떻게 해결해야 할까. 외출 필수품이 되어 버린 '떡뻥'에 의지하기에는 아이가 너무 커 버렸다. 위아래 앞니 4개로 무장한 아이가 오독오독 떡뻥을 깨물어 입안에 밀어 넣으면 과자 하나는 채 3분도 안 돼 사라졌다. 침으로 과자를 녹여 먹던 시절만 해도 과자 5개면 한 시간을 버텼는데. 지금 아이의 속도에 맞춰 과자를 주다 보면 한 봉지가 금방 사라질 기세였다. 어쩔 수 없이 전등사 구경을 멈추기로 했다. 차에 돌아가 장난감에 둘러싸이자 아이의 짜증은 수그러들었다.

시간은 어느새 해질 무렵에 가까워졌다. 이날의 나들이를 강화도의 석양으로 마무리 짓기 위해 동막해변으로 향했다. 서해에 있는 강화도는 해질 무렵에 특히 아름다운 섬으로, 장화리 낙조마을, 동막해변과 인근 석모도의 보문사 등 유명한 해넘이 명소도 여럿이다. 이중에서 동막해변은 다른 해넘이 명소에 비해 육지에서 가장 가까운 거리에 있는 곳이었다.

매서운 바람도 막지 못한 아이의 바다 사랑

전등사에서 바다 방향으로 섬을 가로질러 20여 분쯤 달렸을까. 저 멀리서 동막해변이 보였다. 동막해수욕장을 따라 이어진 주차장에 차를 세우고 백사장으로 나아갔다. 뒤편으로는 소나무가, 앞으로는 드넓은 갯벌이 드러나 있었다. 갯벌의 넓이는 족히 수 킬로미터는 되어 보였다. 서울에서 2시간도 되지 않는 거리에 이런 풍경을 볼 수 있는 곳이 있다니. 아이와 언제라도 올 수 있는 마음에 드는 장소를 발견했다는 생각에 무릎을 탁 쳤다.

절에서 짜증을 내던 아이는 바닷가에 오자 다시 즐거워했다. 그동안 여기저기 데리고 다녔지만 유독 바다를 좋아하는 것 같다. 이번에도 아이는 매서운 바닷바람을 맞으면서도 종달새처럼 옹알이를 했다. 바닷바람을 막기 위해 싸놓은 담요 사이로 조그마한 손을 내밀고 신나게 흔들어댔다. 아이가 말을 하기 시작하면 얼마나 좋을까. 아직은 아이의 단순한 음절과 몸짓에 담긴 언어를 다 알아들을 수 없는 게 아쉽다.

이상 고온이라고는 하지만 12월의 바닷바람은 너무나 차가웠기에, 차를 타고 근처 카페 밀집 지역으로 향했다. 따뜻한 곳에 앉아 일몰을 볼 수 있는 카페를 찾아 요령을 피워 볼 심산이었다.

하지만 잔머리는 통하지 않았다. 카페 밀집 지역이 해수욕장에서 수백 미터 떨어진 탓에, 떨어지는 해를 볼 수 있는 각도에 있지 않았다. 동막해변의 100점짜리 일몰은 해수욕장, 분오리돈대 같이 밖에서 고생을 해야지만 얻을 수 있는 대가 같은 것이었다. 따뜻한 봄날에 다시 완벽한 일몰을 보러 오는 수밖에.

그래도 12월을 맞아 크리스마스 장식들로 예쁘게 장식된 카페에서 행복

하게 하루를 마무리할 수 있었다. 아이는 의자에 의젓하게 앉아 멀리 빨갛
게 물들어 가는 하늘을 바라다보았다. 하늘을 보며 무엇을 느꼈을까? 아기

의자에 앉히는 것조차 불안했던 7월의 첫 강화도 여행과 비교하면 훌쩍 커 버린 아이의 모습이 참 대견했다. 아이만큼 엄마 아빠도 자랐기를 바라본다.

부담스러운 짐 싸기도 복잡한 예약 절차도 없이 언제든 산, 들, 바다를 볼 수 있는 숨겨 놓은 보물 강화도. 앞으로도 이곳에 자주 올 것 같은 강한 예감이 든다. 강화도를 올 때마다 아이는 한층 자라 있을 것이고 어쩌면 새로운 식구가 하나 더 생길지도 모른다. 그때마다 달라진 우리 가족의 모습을 돌아보는 건 마치 일기장을 들춰 보는 것 같이 두근두근한 일이 되지 않을까.

초보 엄마 숨통 터지는 유모차 여행

따라나서기

광성보

광성보는 덕진진, 초지진 등과 더불어 강화해협을 지키는 중요한 요새이다. 효종 9년(1658년)에 처음 설치됐으며 용두돈대, 오두돈대, 화도돈대, 광성돈대 등 소속 돈대가 있다. 광성보 내에는 성문과 여러 돈대를 따라 바다를 보며 산책을 할 수 있는 길이 잘 닦여 있다.
1871년 미국 함대가 강화도를 침공한 신미양요 때 가장 치열한 격전지였으며, 당시 치열했던 전투 상황을 짐작하게 해 주는 어재연 장군 쌍충비, 신미순의총 등 유적이 남아 있다.

홈페이지 tour.ganghwa.incheon.kr
주차 광성보 주차장(무료)
이용요금 어른 1100원, 어린이 · 청소년 700원
이용시간 동절기(11~2월) 09:00~17:00, 봄가을(3~5월, 9~10월) 09:00~18:00, 하절기(6~8월)
　　　　 08:30~18:30
유모차 안내소에서 대여 가능

강화 풍물시장

강화버스터미널 인근에 있는 강화도의 전통시장. 현대식 건물로 지어진 상설시장이 있으며 매달 뒷자리가 2, 7일에 끝나는 날짜에는 지역 주민들이 직접 물건을 가지고 나와 파는 5일장이 함께 열린다.

주차 풍물시장 주차장(유료)
휴무일 매월 세 번째 월요일

전등사

삼랑성(정족산성) 안에 자리잡고 있는 오래된 절. 고구려 소수림왕 11년(381년)에 아도화상이 창건했으며, 고려 충렬왕비인 정화궁주가 이 절에 옥등을 시주한 뒤 전등사로 불리기 시작했다. 단군의 세 아들이 지었다는 삼랑성, 사랑을 배신한 여인을 벌주기 위해 목수가 만들었다는 전설이 내려오는 대웅전 귀퉁이의 나인상 등 흥미로운 전설들이 많이 숨어 있다.

홈페이지 www.jeondeungsa.org
주차 남문 및 동문 주차장(유료), 유모차를 갖고 간다면 동문주차장을 이용하는 것을 추천한다.
입장료 어른 2,500원, 청소년 1,700원, 어린이 1,000원
개방시간 09:00~18:00

겨울, 남쪽으로 가자

제주도

여행의 난이도를 올려 버린 단유

아마 우리나라에서 가장 인기 있는 여행지라면 단연 제주도를 꼽을 수 있을 것이다. 산과 바다가 어우러진 비경, 맛있는 먹거리가 꽉 차 있는 섬이니 말이다. 그리고 우리나라에서 가장 따뜻한 지역이기도 하니 겨울 여행을 떠나야겠다고 마음먹은 사람에게 제주도는 최상의 장소였다.

하지만 막상 아이와 겨울 제주도를 여행하려니 무엇을 할 수 있을지 막막했다. 유모차와 아기띠로 올레 코스를 주파하는 건 고통일 것 같았다. 아무리 우리나라 최남단이라지만 겨울 날씨는 여전히 매서울 것이고 길도 평탄하지만은 않으니까.

초보 엄마 숨통 터지는 유모차 여행

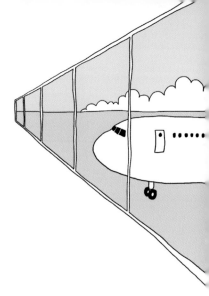

　돌이 가까워 오면서 시작된 단유의 과정도 고민을 더했다. 직수를 할 때
는 크게 부담스럽지 않았던 '소독'이 새로운 골칫거리였다. 아이는 11개월
에 접어들면서 직수 대신 유축한 모유와 분유를 젖병으로 먹고 있었는데,
매일매일 소독해야 할 수유용품들이 상당히 많이 나왔다. 차로 갈 수 있는
곳이라면 자외선 소독기를 들고 간다지만, 제주도에서는 이것들을 매일 팔
팔 끓여 말려야 하는 것일까?

　'살까 말까 고민되면 사지 말고 떠날까 말까 고민되면 떠나라.'고 했던가.
한참 망설이다가 크리스마스와 주말로 이어지는 극성수기에 덜컥 에어텔
을 저질러 버렸다. 겨울 제주도를 알차게 즐기는 것만 고민하기로 하면서.

　제주도 전역을 둘러보기보다는 날씨가 온화한 서귀포시에 집중하기로
했다. 숙소는 중문관광단지 쪽에 있는 특급 호텔로 잡았다. 저렴한 가격의
게스트하우스나 펜션을 선택하지 않고 상당한 투자를 한 것인데 이유는 딱
하나였다. 제주도의 특급 호텔들은 미리 전화로 예약을 하면 젖병소독기를
포함한 용품들을 무료로 빌려준다는 것. 이것을 활용하면 수유용품 소독이

라는 새로운 골칫거리를 해결할 수 있을 것 같았다.

　액상 분유도 있으니 매일 물을 끓이고 보온병, 젖병을 관리해야 하는 부담이 줄어들 것이다. 단유 후 보통 때는 스틱 분유를 먹이고 아침에 일어났을 때만 액상 분유를 활용해 왔다. 온도를 따로 맞추지 않아도 되기 때문에 성질 급한 아기가 기다리지 않도록 하기 위해서였다. 그러나 이번 여행에는 전부 액상 분유로 챙겨 넣었다.

　여행 출발일인 크리스마스 날. 아침부터 서둘러 공항에 갔다. 여행사를 통해 항공권을 산 탓에, 미리 전화로 좌석 지정을 할 수 없었기 때문이다. 아이와의 편안한 여행을 위해 좌석 앞쪽 공간이 넓은 맨 앞줄에 앉으려면 무조건 일찍 공항에 가야 했다.

　항공사 카운터로 달려갔지만 그 자리들은 이미 다른 영·유아 동반 고객들에게 배정이 끝나 있었다. 아쉽지만 엄마 아빠의 신분증과 함께 아이가 기재된 주민등록등본을 제시해 발권을 하고 일반 좌석을 배정받았다.

탑승을 하려니 보안 검색이 기다리고 있었다. 끓인 물, 이유식 등 혼자서라면 절대 담지 않았을 물건들이 손가방에 가득 들어 있는 탓에 살짝 긴장이 됐다. 아기를 메고 있는 아기띠를 풀어야 할지도 눈치를 살살 살폈다. 다행히도 아기띠는 벗지 않아도 되었으며 손가방은 무사 통과였다. 국내선 항공기에서는 액체 반입에 특별한 제재를 하지 않았다.

비행기가 이륙하자 여기저기에서 어린 아이들의 울음소리가 들렸다. 귀가 멍멍했을 수도 있고 비행기가 내는 굉음이 무서웠을 수도 있다. 이륙 대기 도중 잠이 들었던 우리 아이는 고도가 변하는 순간에 깨어났지만 걱정과 달리 얌전했다. 빨대 컵이나 젖병을 빨면 귀가 덜 아픈지 안 운다기에 아이에게 물을 줬지만 먹지 않았다. 분유는 토를 할까 싶어 일부러 주지 않았다. 아이는 신문지를 구기며 나머지 비행 시간을 순조롭게 버텼다. 이럴 때면 까다롭지 않고 무던한 성격의 아이에게 고마운 마음이 든다.

제주도에 도착한 시각은 예상보다 1시간 반이나 늦어진 3시였다. 크리스마스를 제주에서 보내기 위해 몰려드는 승객을 공항이 감당하지 못해 항공기 출발이 지연된 탓이었다. 아이가 배고프지 않을지 걱정이 되어 서둘러 액상 분유를 땄다. 평소에 이유식과 분유를 먹는 시간을 생각하면 말도 안 되는 시간이었다. 그래서인지 아이는 평소 먹는 양의 1.5배를 숨도 쉬지 않고 비워 버렸다. 중간에 한 번 끊고 트림을 시키려 했지만 아이의 성화에 제대로 하지 못했다.

왜 슬픈 예감은 틀린 적이 없을까. 분유를 먹일 때 불안불안 하더니 결국 사고가 터졌다. 유모차를 타자마자 아이는 분유를 도로 다 뿜어냈다. 모유

를 먹던 아이이다 보니 힘을 들이지 않아도 쉽게 나오는 분유의 속도에 적
응을 못했는데, 이번에도 급하게 먹은 게 문제 같았다.

유모차 시트를 닦고 겉옷을 갈아입히고 나니 기운이 쪽 빠졌다. 비행이
순조롭다 좋아했더니 내리자마자 이 지경이다. 빨리 호텔로 들어가고 싶은
마음만 굴뚝같아져서 공항 주차장 옆에 있는 렌터카하우스에서 미리 예약
해 둔 렌터카를 찾고 곧장 호텔로 달렸다.

서울의 꽉 막힌 도로에 익숙해서였을까. 크리스마스인데도 제주도의 도
로는 뻥 뚫린 듯 느껴졌다. 복잡한 시내를 빠져 나와 한라산 중턱을 가로지
르는 1135번 도로를 탔다. 도로 너머로는 억새풀이 군락을 이뤄 바람에 흩
날리고 있었다. 기온도 10도 안팎으로 춥지 않았다. 마치 겨울의 한가운데
에서 가을로 점프를 한 느낌이 들었다.

중문단지에 있는 호텔에 도착하자 벌써 땅거미가 짙게 깔려 있었다. 오
전부터 부산을 떨었는데 호텔 체크인이 오후 5시라니…… . 짐을 풀고 미리

순전히 아이 때문에 선택한 특급 호텔.
젖병소독기를 비롯한 용품들을 빌릴 수 있어
엄마의 고민과 짐을 덜어 준다.

신청해 둔 영·유아용품을 방에 들여놓고 나니 바깥은 깜깜해졌다. 모두가 지쳐 버린지라 원래의 계획은 취소하고 근처에서 흑돼지로 배를 채우고 호텔 안에 머물렀다.

영·유아 동반 여행객들이 많이 찾는 여행지라 그런지 제주도의 특급 호텔들은 어린이를 위한 다양한 시설을 갖춰 놓은 곳이 많다. 우리가 묵은 호텔도 내부에 실내 놀이터가 있었다. 잠자리가 바뀐 아이를 쉽게 재우기 위해서는 신체 활동도 필요할 것 같았고, 비행기와 차를 오가느라 답답했을 기분도 풀어 주려고 실내 놀이터에서 놀기로 했다.

저녁을 먹고 8시쯤 가 보니 이미 십여 가족이 놀고 있었다. 밤 9시까지 운영되는데, 밤에 바깥에 나가기 어려운 아이 동반 투숙객들이 많이 찾는

듯했다. 안에는 점핑쏘서, 부엌놀이, 볼 풀, 블럭쌓기 등 아이들을 위한 장난감들이 많았다. 또 어른들도 즐길 수 있는 책과 가정용 게임기도 한켠에 비치돼 있었다.

아이는 놀이터에 오자마자 기쁨을 감추지 못했다. 걷거나 뛰는 아이들에게 치일까 봐 눈을 뗄 수는 없었지만, 아이는 각종 놀이기구 사이를 기어다니며 주변을 마음껏 탐색했다. 특히 오랜만에 보는 점핑쏘서를 태워 주자 '까악' 돌고래 소리를 내며 즐거워했다.

1시간 가량을 신나게 놀고 방으로 돌아오자 아이는 목욕 후 바로 골아떨어졌다. 작전은 성공이었다. 엄마 아빠도 미리 사 둔 맥주를 한 캔씩 가볍게 마시고 그대로 잠이 들었다. 이렇게 제주에서의 첫날은 저물었다.

바다, 동백이 어우러진 겨울 서귀포

둘째 날은 아이의 울음소리와 함께 시작되었다. 아이에겐 분유와 이유식을 챙겨 주고, 어른들은 토속 음식점으로 가 '브런치'를 먹기로 했다.

호텔에 이유식 데우기 서비스를 부탁해 준비해 간 멸균 이유식을 먹였다. 아이가 6개월 정도였을 때만 해도 일반 마트에서 초기 이유식을 구하기 어려웠기 때문에 여행 때는 주로 해외 직구로 산 멸균 이유식을 먹였다. 하지만 중기 이유식 단계로 진입하고 먹을 수 있는 식재료들이 많아지면서 선택의 폭이 넓어졌다. 이번 여행에서는 마트에서 파는 국산 멸균 이유식을 처음으로 들고 왔는데, 양은 좀 적었지만 아이가 맛있게 잘 먹었다.

　　　　　　　　　　　　　　초보 엄마 숨통 터지는 유모차 여행

한라산에서 내려온 효돈천과 바다가 만나는 지점에 형성된 쇠소깍.
제주도의 대표적 비경 중 하나다.

　이제는 어른들의 식사 시간. 서귀포 시내 중심가의 향토음식점 중 주차
가 쉬운 곳을 골라 갈칫국, 해물뚝배기 등을 주문했다. 메뉴는 대부분 1, 2
만 원 선이었다. 서울에서는 찾아보기 힘든 갈칫국은 호박, 배추, 갈치를
넣어 끓인 맑은 국인데 비리지 않고 담백한 갈치의 맛이 강했다. 가재같이
껍질이 딱딱한 닭새우, 작은 전복과 비슷한 오분자기 등 싱싱한 제주산 해
물을 넣은 해물뚝배기도 육지에서 먹던 것과는 다른 매력이 있었다.

　밑반찬에는 간이나 양념이 되지 않은 단호박찜, 양배추찜이 있어 끊임
없이 식탁에 관심을 보이는 아이에게 맛을 보여 줄 수 있었다. 돌이 가까워
오니 점차 먹을 수 있는 음식이 많아졌고, 식당에서 아기에게 마냥 미안해
하지 않아도 되었다.

　한 그릇 뚝딱 음식을 비우고 나왔더니 식당 마당에 핀 동백나무 꽃과 현

무암 화단이 눈에 들어왔다. 12월 들어 아이가 감기에 걸릴까 공원 한번 못 가고 집에만 갇혀 있던 아기 엄마에게 오랜만에 보는 꽃이 어찌나 반가운지. 아이도 오랜만에 나온 야외가 좋은지 소리를 지르며 즐거워했다. 특히 뽕뽕 구멍이 뚫린 현무암과 빨간 꽃잎에 엄청난 관심을 보였다. 구멍구멍마다 자그마한 손가락을 넣어 보고 꽃잎을 지긋이 짓이기며 촉감을 느꼈다. 11개월 아기에게 세상은 궁금한 것투성이인 것 같다.

　다시 차에 올라 향한 곳은 쇠소깍. 한라산에서 흘러내려온 효돈천이 바다와 만나는 곳에 형성된 지형이다. 옥빛의 물과 기암괴석이 아름다운 계곡을 지나면 어느새 푸른 바다가 펼쳐지는 곳이다. 쇠소깍을 보자마자 아름다운 풍경에 입을 다물 수 없었다. 이런 풍경 속에서 제주도 전통 조각배인 '태우'와 투명 카약을 타는 사람들이 어찌나 부럽던지. 아직은 아이가 어

위미리에는 영화 〈건축학개론〉의 촬영 장소를 개조해 만든 카페가 있다.
눈앞에 아름다운 위미리의 바다가 펼쳐지는 그곳은 영화팬들로 발디딜 틈이 없었다.

려 도전하지 않지만 10년 후에는 꼭 함께 배를 타러 오리라.

배를 타지 못한 대신, 바다까지 뻗은 쇠소깍 산책로를 걷기로 했다. 산책로는 도로쪽 큰길과 계곡쪽 좁은 길이 있었는데, 좁은 길을 시도했다가 포기하고 큰길로 들어섰다. 어느새 잠들어 버린 아이를 데리고 다니려면 유모차가 필수였는데 좁은 길에서는 몇 걸음 떼지 못하고 계속 계단이 나타났던 탓이다. 다행히 큰길은 유모차로 다니기에도 무리가 없었지만, 안쪽 좁은 길에서만큼 풍경이 잘 보이는 게 아니라 조금 아쉬웠다.

예정에는 없었지만, 동백나무로 유명한 위미리에 가 보기로 했다. 위미리에는 방풍수로 심은 동백나무가 군락을 이룬 '위미 동백나무군락지'가 있는데, 식당 마당에서 동백꽃을 보고 즐거워하던 아이의 모습에 가기로 한 것이다.

위미 동백나무군락지에 도착한 순간, 왜 방풍수를 심었는지 짐작할 수 있었다. 바다로부터 정말 강한 바람이 불어왔기 때문이다. 동백나무들은

초보 엄마 숨통 터지는 유모차 여행

사람 키의 예닐곱 배는 될 정도로 어마어마하게 자라 마을을 바람으로부터 막아 주고 있었다. 유모차로 다니기에 편안한 길이 이어진 덕분에, 아이에게 동백꽃을 보여 주며 느린 걸음으로 구경하다 보니 40분이 훌쩍 지나갔다.

동백나무만큼이나 위미리를 대표하는 곳이 있다. 바로 영화 〈건축학개론〉의 촬영장을 개조한 카페이다. 이 카페에는 영화 속 소품들이 전시돼 있어 영화의 팬들로 발 디딜 틈이 없었다. 아이와 오래 있을 분위기는 아니었기에, 커피 한잔을 마시며 이유식을 먹인 뒤 바로 자리를 떴다. 첫사랑의 기억을 떠올리며 영화를 보았던 낭만을 반추하는 건 육아 전쟁 중인 엄마 아빠에게는 먼 훗날의 일이 될 듯하다.

간단한 저녁거리를 사러 들른 전통시장은 먹거리의 보고였다. 제주도 방언으로 마늘을 뜻하는 '마농'을 잔뜩 넣은 치킨, 꽁치를 통으로 넣은 꽁치김밥, 팥고물을 가득 묻힌 오메기떡, 신선한 고등어와 갈치회, 한라봉 막걸리 등 제주도를 대표하는 먹거리를 잔뜩 사고야 말았다. 이렇게 맛나고 푸짐한 음식이 특급 호텔 조식 한 끼보다 저렴하다니. 방앗간에서는 아기의 짜증을 잠재울 때 유용한 '떡뻥'을 구했다. 이동 시간을 지루해 하는 아기를 달래느라 차에서 수시로 간식을 주었더니, 이틀 만에 준비해 간 아기 과자가 다 동이 났기 때문이다.

어느덧 해질 무렵이 다가왔다. 일몰 시간을 확인해 보니 조금 서두르면 호텔에 들어가기에 앞서 일몰을 볼 수 있을 것 같았다. 서둘러 차를 몰아 외돌개로 향했다. 외돌개는 기암괴석으로 둘러싸인 바다 위에 외롭게 우뚝 솟아 있는 바위로, 일출 일몰 명소로 이름이 높다.

길 상태가 어떤지 잘 몰랐기 때문에 그냥 아기띠에 아기를 메고 외돌개 입구에 들어섰는데, 나무데크로 잘 정비된 산책로가 마련돼 있었다. 외돌개가 보이는 바닷가 절벽에 도착해 포토존으로 가는 일부 계단을 제외하고는 유모차도 무리 없이 갈 수 있을 정도였다.

이미 많은 사람들이 일몰을 기다리고 있었다. 하지만 아쉽게도 변덕스러운 제주도 날씨 탓에 잔뜩 낀 구름 뒤로 해가 져 버렸다. 그래도 함께 일몰 풍경을 즐기던 사람들과 눈을 마주치며 즐거워하던 아이를 보면서 외돌개에 들르길 잘했다는 생각이 들었다. 몇 개월 전까지만 해도 유모차나 아기띠에서 잠으로 보내기 일쑤였지만 이제 아이도 주변 환경과 사람들과 호흡하고 있는 것 같았다.

여행, 힘들어도 떠나라

아이와 함께하는 여행의 마지막 날은 늘 부산스럽다. 체크아웃을 하기 위해 어지러운 방을 치우고 길게 이동할 준비를 마쳐야 하기 때문이다. 그리고 '사고'는 엄마 아빠의 정신이 다른 데 가 있는 이런 시간에 나기 마련이다.

체크아웃 시간에 맞추기 위해 정신없이 짐을 싸고 있을 때였다. 시야에서 아이가 잠시 사라졌다 싶더니 '으앙~' 하는 울음소리가 들렸다. 아이가 침대가드가 붙어 있지 않은 쪽으로 떨어진 것이었다. 정말 순식간에 일어난 일이었다. 안 그래도 침대 방을 예약한 것을 후회하던 참이라 아이에게 더욱 미안했다. 아이가 기어다니기 시작한 뒤에는 무조건 온돌방을 예약했어야 했는데 말이다. 더구나 이번에 묵은 호텔의 경우는 카펫 위에 슬리퍼

초보 엄마 숨통 터지는 유모차 여행

와 신발을 신고 들어가는 방식이라 호기심이 부쩍 늘어난 11개월의 아이는 방안을 돌아다닐 수 없어 유난히 답답해했다.

후회한들 엎질러진 물이었다. 우는 아이를 안고 달랜 뒤 조심스레 머리를 살폈다. 겉으로 보기에는 아무런 이상이 없었지만, 그래도 안심할 수 없었다. 그래서 젖병을 물려 잘 빠는지를 보고 시간을 두고 졸려 하는지 체크해야 한다는 응급처치 요령을 떠올려 그대로 했다. 특별히 이상이 있는 부분은 발견되지 않았다. 가슴은 여전히 두근거렸지만 이만하길 다행이라고 생각하며 안도의 한숨을 내쉬었다.

놀란 가슴을 진정시키고 체크아웃을 한 뒤 중문색달해변에 가기로 했다. 호텔 산책로를 따라 중문해변으로 이어지는 산책로가 걷기에 괜찮다는 이

야기를 들어서다.

그런데 걷지 못하는 아기를 동반한 여행객들에게 그 산책로는 생각처럼 '잠깐 걸을' 곳은 아니었다. 아이를 안고 계단을 오르락내리락하다가 '해변까지 200m'라는 표지판을 맞닥뜨리고 거의 다 왔나 싶어 보니, 눈앞에 있는 것은 깎아지른 듯한 경사의 계단 수백 개였다. 내려갈 때야 그렇다 쳐도, 올라올 때 과연 지치지 않을 수 있을까. 유모차를 놔두고 간다 하더라도 만만치 않아 보였다. 잠시 고민하던 끝에 작전상 후퇴를 택했다. 이건 아무리 봐도 즐거운 산책길이 아니라 고행길 같았다.

산책을 포기하고 차로 이동하니 중문해변은 5분도 걸리지 않았다. 왜 처음부터 이렇게 올 생각을 하지 않았을까 싶을 정도로 가까웠다. 대표적인

초보 엄마 숨통 터지는 유모차 여행

관광지답게 주차장과 주변 시설이 잘 정비돼 있었는데, 해변까지 이어지는 길도 잘 포장돼 있었다.

해변에는 따로 포장된 길이 없어 아이를 안고 움직였는데, '쏴아~' 파도 소리가 들리자 아이가 바다 쪽으로 고개를 돌려 손을 뻗었다. 마치 소리를 잡으려는 듯, 아니면 바닷물을 잡으려는 듯. 강릉에서 처음 바다를 본 생후 5개월 때에는 손에 잡히는 주변 사물에 더 관심을 가졌다면, 이제는 파도 소리에 보다 명확히 반응했다. 파도가 몸 쪽으로 몰아쳐 들어올 때마다 아이는 신기한지 '꺄악' 소리를 내며 즐거워했다. 그리고 어제에 이어 오늘도 현무암에 엄청난 관심을 보였다. 모래 속에서 삐쭉 나온 현무암에 데리고 가자 거친 표면과 여기저기에 난 구멍을 요리조리 만졌다.

서귀포를 떠나 제주시로 올라오자 기온은 급격히 떨어졌다. 5도 정도 차이가 나는 것 같았는데, 그 차이는 야외 활동을 할 수 있느냐 없느냐를 결정할 만큼 엄청나게 컸다. 결국 일정을 수정해 공항에서 멀지 않은 박물관들을 가기로 마음을 먹었다.

그렇게 가게 된 테디베어 사파리는 아이가 마음껏 돌아다니며 인형으로 만든 동물들을 만지고 체험할 수 있다는 컨셉트를 내걸고 있는 곳이었다. 1층은 곰, 사자 등 정글에서 볼 수 있는 동물들을 인형으로 만들어 놓은 사파리였고, 2층은 새, 수중동물 들이 있는 사파리와 명화 등을 곰으로 재현한 전시장이 반씩 구성돼 있었다.

나름대로 알찬 공간이었지만 아쉽게도 11개월 아기와 이곳은 맞지 않았다. 키즈카페 같이 자유롭게 기어 다니고 걷기도 할 수 있는 실내 공간을 예상했는데, 신발을 신어야 하는 곳이었다. 게다가 단체 관광객들이 쉴새 없이 들어오는 탓에 아이를 안고 다니며 이것저것 만지게 하기도 번잡스러웠다. 박물관의 어두운 조명과 시끌벅적한 분위기 탓인지 아이는 이내 울음을 터뜨렸다. 아, 이건 실패구나. 입장료가 아까웠지만 어쩔 수 없이 사파리를 빠져 나왔다.

이쯤 되니 차라리 따뜻한 곳에서 휴식을 취하며 맛있는 음식이나 먹자 싶은 생각이 들어 전망 좋은 카페가 많다는 애월 해안도로로 차를 몰았다. 애월 해안도로는 제주도에 있는 해안도로 중 아름답기로 유명한데, 손에 닿을 듯한 거리에 바다가 펼쳐져 있어 인상적이었다. 애월읍은 2012년 가수 이효리가 신혼집을 마련했다는 게 알려지면서 유명해진 뒤 예쁜 카페와 맛집들이 모인 떠오르는 관광지가 됐다.

무작정 전망이 좋아 보이는 한 카페에 들어가 탁 트인 바다를 보며 따뜻하게 몸을 녹이고, '애월 해녀의 집'에 가서 전복죽을 먹었다. 주문이 들어간 뒤 전복죽을 끓이기 때문에 20분이 넘게 기다려야 했지만, 고소한 맛이 정말로 일품이었다. 아이에게도 조금 먹여 볼까 했지만, 내장이 들어간 게 마음에 걸려 먹이지는 않았다. 대신 아이는 반찬으로 나온 생당근과 플라스틱 컵을 들고 신나게 놀았다.

돌아오는 비행기에서도 아기 승객이 많아 맨 앞자리에 앉을 수 없었다. 하지만 유모차를 보안 검색대 안쪽 지역까지 들고 들어갔다가 비행기 탑승 직전에 수화물로 부칠 수 있다는 것을 알게 되어, 편하게 들어갔다. 더 작게 접히는 휴대용 유모차는 비행기 안으로 들고 들어갈 수도 있다고 한다. 긴 대기 시간은 탑승동의 유아휴게실에서 버텼다.

제주도로 올 때 아이가 잠이 든 덕분에 편하게 보내서였을까. 가벼운 마음으로 비행기에 탑승했건만 이번에는 비행시간 50분이 5시간처럼 느껴지는 지옥을 맛보았다.

시작부터 힘들었다. 아이가 간이책상을 쉴 새 없이 접었다 폈다 하기에 말렸더니, 폭풍처럼 짜증을 내기 시작했다. 좌석마다 꽂혀 있는 책이며 안내판을 죄다 빼려고 한 건 말할 것도 없다. 이륙을 한 뒤에는 칭얼거림이 더욱 심해졌다. 귀가 아픈 것 같아 물과 분유를 주었는데 잠시 괜찮나 싶더니 갑자기 토를 했다. 남편이 잽싸게 손으로 토사물을 받아 내 대형 참사는 막았지만 퍼져 나가는 냄새는 어찌할 수 없었다. 주변 승객들에게 미안해 고개를 들 수가 없었다. 아이는 비행기에서 내려 택시를 타고서야 안정을 찾고 잠이 들었다.

아이러니하게도 아이와의 여행은 아이가 자랄수록 난이도가 더욱 올라가는 것 같다. 돌이 가까워 오자 신체 활동이 활발해진 아이는 장거리 이동을 싫어하게 되었고 부모를 난감하게 하는 일도 잦아졌다.

그렇지만 여행지에서 아이가 보여 주는 반응과 감정 표현은 시간이 갈수록 더욱 다양하고 깊어진다. 처음 여행을 떠날 때는 부부의 여행에 아이가 끼어 있는 느낌이었다면 이제는 점점 가족의 여행이라는 느낌을 받을 정도로 말이다.

따사로운 햇살을 맞으며 엄마와 함께 즐거워하고, 붉은 동백꽃잎과 구멍이 뽕뽕 뚫린 현무암 만지기에 열중하고, 파도 소리에 돌고래 소리를 내며 좋아하는 아이의 모습. 그 모습을 보고 있으면 여행의 고됨 따위는 금세 잊어버리게 될 만큼 행복해진다. '이게 아이를 키우는 보람이구나.' 할 만큼 말이다. 처음엔 아직 아이가 있다는 사실조차 낯설었던 초보 엄마도 아이가 자라는 만큼 함께 자라나 보다.

따라나서기

쇠소깍

효돈천을 흐른 담수와 해수가 만난 자리에 형성된 독특한 지형이다. 소가 누워 있는 형태라 해서 '쇠소깍'이라는 이름이 붙었다. 용암이 흘러내리면서 굳어진 듯한 기암괴석과 소나무숲, 옥빛의 물웅덩이가 조화를 이룬 풍광이 아름답다. 뗏목 '테우'와 투명 카약을 탈 수 있다.
쇠소깍 주변으로 나무데크 산책로가 있지만 곳곳에 계단이 있어 유모차로 돌기엔 무리가 있다.

주차 쇠소깍 주차장(무료)

위미 동백나무군락지

서귀포시 남원읍 위미리 마을을 둘러싼 동백나무 군락. 나무의 높이가 10~12m에 이르는 토종 동백나무가 줄지어 서 있다. 고 현맹춘 할머니가 바닷바람을 막기 위해 방풍수로 심었던 동백나무가 자라 지금의 군락을 이뤘다. 그래서 제주도 사람들은 이 숲을 '버득할망 돔박숲(버득할머니 동백숲)'이라고 부르기도 한다. 인근에는 동백을 재배하는 개인 농장도 있다.
위미리의 동백은 1~2월에 절정을 이룬다. 동백 군락지 주변은 유모차로도 산책할 수 있도록 길이 잘 닦여 있으며, 한바퀴에 30여분이 소요된다.

주차 군락지 입구 마을주차장(무료)

외돌개

서귀포 시내에서 약 2km 떨어진 해안가에 서 있는 20m 높이의 바위 기둥. 약 150만 년 전 화산 폭발로 섬의 모습이 바뀔 때 생성됐다. 꼭대기에는 몇 그루의 소나무들이 자생하고 있다.
뭍과 떨어져 바다 가운데 외롭게 서 있다고 해서 '외돌개'라는 이름이 붙었다. 고기잡이 나간 할아버지를 기다리다가 바위가 된 할머니의 전설이 전해 내려와 '할망바위'라고도 불린다.
외돌개 주변에는 유모차로도 돌 수 있는 산책로가 조성돼 있다. 또 일출과 일몰이 아름답기로 유명하다.

주차 외돌개 유료 및 무료 주차장

중문관광단지

국내 최대 규모의 종합 관광단지. 서귀포시 중문동 바닷가에 자리잡고 있으며 제주도내 최고급 숙박시설, 골프장 등 레저시설, 중문해수욕장·천제연폭포 등 관광지가 자리잡고 있다. 1971년 국제관광단지로 지정되면서 개발된 제주도에서 가장 오래된 관광단지이기도 하다.

홈페이지 www.jungmunresort.com

중문색달해변

중문관광단지 내에 있는 해수욕장. 길이 560m, 평균 수심 1.2m 정도의 백사장을 품고 있어 제주도 말로 '진모살(긴 모래)'라고 불린다. 모래사장을 끼고 있는 절벽과 흑·백·적·회색으로 돼 있는 모래 빛깔이 아름답기로 유명하다. 해안가까지는 유모차로 갈 수 있도록 길이 조성돼 있다.
중문색달해변이 내려다보이는 절벽에서는 영화 〈쉬리〉의 촬영지로 알려진 '쉬리의 언덕'이 있다. 영화에 나왔던 벤치가 아직 그대로 있다.

주차 중문색달해변 주차장(무료)

애월 해안도로

제주도 북서부 해안을 따라 이어진 도로. 애월읍 하귀리에서 애월리까지 9km가 이어진다. 해안을 따라 달리는 동안 절경을 감상할 수 있으며, 특히 해질 무렵의 풍경이 아름답기로 유명하다. 해안도로 주변으로는 레스토랑, 카페, 민박 등 이국적인 분위기를 즐길 수 있는 장소가 많다.
자동차 도로 옆에는 자전거 전용 도로가 나 있어 자전거 여행객들의 발걸음도 잦다.

벚꽃의 도시로 떠나는 기차 여행

진해

도전, 장거리 기차여행

아기와 장거리를 가려고 계획할 때 차 이외의 다른 교통수단을 떠올리기 쉽지 않다. 어떤 돌발 상황이 터질지 모르는 아기와의 여행에서 차는 이동수단일 뿐 아니라 수유실, 휴게실의 역할까지 톡톡히 담당하는 든든한 존재다.

그러나 자동차 여행에도 분명히 단점이 존재한다. 연휴나 휴가철처럼 길이 막힐 때 자동차로 멀리 가려다가는 이동만으로 진을 다 빼 버리기 마련이다. 차가 달릴 때 그나마 잘 자던 아기는 차가 멈출 때마다 깨어나 지루하다고 울고, 때로는 카시트에 앉기를 거부해 엄마가 아기를 안고 타는 위

험천만한 상황을 연출하기도 한다. 아기를 달래고 기저귀를 갈기 위해 수시로 휴게소에 정차하다 보면 이동 시간은 어느새 예상했던 것의 두 배를 훌쩍 넘긴다. 이런 경험담에 겁먹은 많은 엄마들은 아기를 데리고 장거리 여행을 가는 것을 지레 포기해 버리기도 한다.

봄날 경상남도 여행을 하기로 하면서 고민에 빠진 지점도 여기였다. 서울에서 적어도 5시간 걸리는 거리를 과연 자가용을 가지고 가는 게 맞을까. 오히려 과감히 기차나 비행기로 장거리를 이동하는 게 엄마 아빠와 아이 모두 편하지 않을까.

고심 끝에 결국 첫 KTX 기차 여행에 도전해 보기로 했다. 3시간 반만 어떻게든 버티면 목적지까지 닿을 수 있으니 몇 시간이 걸릴지 모르는 자동차보다 장거리 이동 수단으로는 훨씬 나아 보였다.

좌석은 '유아동반석'으로 골랐다. 아무래도 비슷한 처지의 사람들이 모여 있다 보면 아이가 울어도 덜 눈치가 보일 것 같았다. 출발역도 평소 이용하던 서울역에 아닌 광명역으로 선택했다. 광명역은 주차 공간이 넓고 종일 주차가 서울역보다 저렴한 9천 원 밖에 되지 않았다는 주변의 경험담을 듣고서다.

유모차는 디럭스급이지만 시트 일체형으로 휴대가 간편하게 나온 제품을 가지고 갔다. 아이가 어느 정도 커서 휴대용 유모차를 가지고 갈까 했지만 그래도 '승차감(?)'이 좋은 제품을 가지고 가는 게 좋을 것 같아서다. 어느덧 10kg을 훌쩍 넘긴 아이를 하루 종일 아기띠나 힙시트로 안는 게 부담스럽다 보니 점점 아이가 잘 앉아 있는 유모차를 고르는 게 신생아 때만큼이나 중요했다. 다만 짐을 무한정 가져갈 수 없는 기차 여행이다 보니 휴대

초보 엄마 숨통 터지는 유모차 여행

성도 완전히 무시할 수 없었기에 무게와 접혔을 때 부피를 고려해 유모차를 골랐다.

여행 당일, 쿵쾅거리는 가슴과 유모차, 캐리어를 실은 차가 광명역에 도착했다. 역사 안에 들어선 뒤에는 정신없이 유아휴게실을 찾았다. 어느덧 돌이 지났지만 여전히 소금기가 거의 없는 별도의 음식을 먹여야 했는데, 객실에서는 아무래도 무리일 것 같았기 때문이다.

서울역과 달리 광명역의 유아휴게실은 찾는 사람이 별로 없는지 한산했다. 전자레인지도 따로 마련돼 있지 않아 근처 편의점으로 뛰어가 미리 준비한 아이 밥을 데워 왔다. 유아휴게실에는 남자는 들어올 수 없어 기저귀 교환대에 아이를 앉히고 밥을 먹였다. 수시로 새로운 공간을 탐색하고 싶어 하는 아이를 달래 가며 밥을 먹이려니 이마에 땀이 송글송글 맺혔다.

KTX 유아동반실로 들어서자 백일부터 대여섯 살 정도로 보이는 아기까

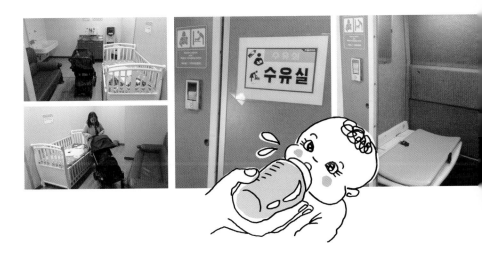

지 다양한 연령대의 아이들이 눈에 띄었다. 부모님에게 질문을 하며 재잘거리는 아이, 이미 한바탕 울음을 터뜨려 엄마가 열심히 달래고 있는 아이를 보니 오히려 안심이 되었다. 우리 아이가 그렇게 울어 대면 적어도 저 사람들은 불평하지 않겠지.

유모차와 캐리어는 객차 사이에 짐을 보관하는 공간에 두었다. 디럭스 유모차여도 작게 접혀 자리를 많이 차지하지 않는 제품이라면 기차 여행에 충분히 가지고 갈 만했다.

열차가 움직이고 차창 밖의 풍경이 바뀌자 아이는 창 밖을 관심 있게 지켜보며 즐거워했다. 갑갑한 카시트보다 자유롭게 일어났다 앉았다 할 수 있는 열차 안 좌석에서 훨씬 더 편하게 있는 것 같았다. 안고 일어나자 열심히 고개를 이리저리 돌리며 사람들을 관찰하는 데도 여념이 없었다.

평화도 잠시, 아이와 여행에서 위기는 언제나 찾아온다. 잠이 오기 시작한 아이는 폭풍같이 짜증을 내기 시작했다. 여기서 가장 최선의 방법은 재우는 것. 복직과 어린이집 적응 시점이 맞물려 아이가 지나친 스트레스를 받을까 봐 차마 빼앗지 못한 젖병에 액상 분유를 넣어 물렸다.

분유를 조금 먹은 아기는 이내 잠이 들었다. 평화는 찾아왔다. 그리고 열차도 빠르게 달려 목적지인 마산역에 도착했다. 일반적인 아기 동반 여행객들이라면 마산역 근처에 모여 있는 렌터카 회사를 알아보고 미리 차를 예약해 움직였겠지만, 우리는 멀지 않은 곳에 있는 시댁의 차를 이용하기로 하고 따로 차를 빌리진 않았다. 숙소 역시 마산항이나 진해항 인근에 모여 있는 호텔 대신에 시댁에서 신세를 지기로 했다.

시부모님들의 차를 타고 진해로 출발했다. 벚꽃이 피는 계절에는 5.6km의 벚꽃길로 이름난 안민고개를 건너가는 것이 정석이지만, 이번에는 마창대교를 타고 진해로 갔다. 이제는 창원시로 묶인 마산과 진해는 마창대교를 통해 가면 30분 정도 밖에 걸리지 않는다. 다리를 건너면 차 왼편으로는 돛섬을 끼고 있는 마산항의 풍경이, 오른편으로는 아름다운 해안선과 탁 트인 바다가 보였다.

진해에서 찾은 첫번째 목적지는 여좌천. 우리나라 사람 중에 '여좌천'이라는 이름은 몰라도 그 풍경을 처음 보는 사람은 드물 것이다. 진해 벚꽃축제의 주무대이기 때문이다. "넌 학생이고, 넌 선생이야!"라는 대사를 유행어로 만들며 선풍적 인기를 끈 드라마도 여기서 촬영되었다. 2년 전 처음 이곳을 찾았을 때 여좌천의 좁다란 물길 위를 따라 늘어선 벚꽃의 아름다움에 입을 다물지 못했던 기억이 새록새록 떠올랐다.

오랜만에 찾은 여좌천은 여전히 아름다웠지만, 느낌은 너무나 새로웠다. 2년 전에는 둘이었던 가족이 이제 셋이 되었으니 말이다. 그만큼 진해를 즐기는 여행 방식도 달라질 수 밖에 없었다. 원래대로라면 물길 바로 옆에 난 산책로로 대뜸 내려가겠지만 엄마가 된 지금은 몸을 사려야 한다. 유모차를 들고 계단을 오르내리고 싶지는 않으니까. 그래서 이번에는 벚나무 옆 나무데크를 걷는 것으로 여좌천 즐기기를 대신했다. 아이는 유모차를 타고 이동하자 어느덧 조용히 잠이 들었다.

울퉁불퉁한 길을 지나갈 때도 편안히 잠든 아기를 보니 낑낑대며 바퀴가 크고 승차감이 좋은 디럭스급 유모차를 들고 온 보람이 느껴졌다. 여행지

에서 아기가 유모차를 잘 타고 잠을 잘 자는 것은 모두가 편안한 여행을 위해 너무나 중요하기 때문이다.

집 밖에 나왔을 때 아기가 잠자는 시간은 부부에게 허락된 유일한 데이트 시간이다. 아기에게 미안한 감정에 쉽사리 입 밖에 내지는 않지만, 초보

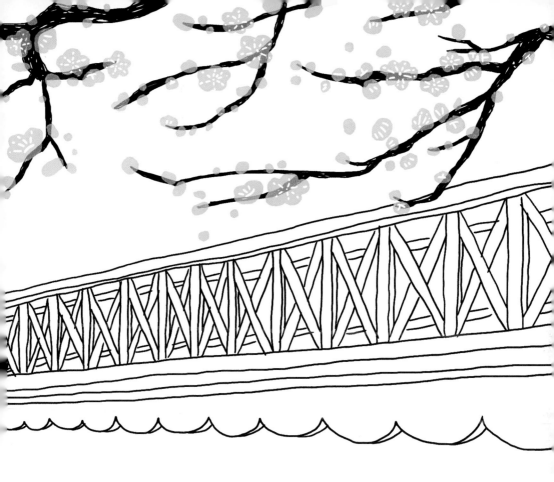

엄마 아빠는 어떨 때는(사실은 아주 많이) 둘만의 시간을 즐기고 싶다. 또 아무 말을 하지 않고 조용히 낯선 여행지의 풍경과 분위기를 즐기며 생각에 빠지고 싶다. 유모차를 밀며 아이가 잠들기를 기다리는 것은 육아에 지친 모든 엄마 아빠가 가지고 있는 공통된 마음일지도 모른다.

잠이 든 아이 덕분에 여좌천과 내수면 생태공원으로 이어진 길을 걸으며 조용히 산책을 즐겼다. 특히 여좌천보다 잘 알려져 있지 않아 조용한 내수면 생태공원의 산책로는 육아로 지친 엄마 아빠의 정신에 휴식을 주기 충분했다. 약간 흐린 듯한 날씨와 벚꽃이 비친 유수지의 물빛이 만들어 내는 색감은 꼭 수묵화 같았다.

유수지를 둘러싼 산책로를 반쯤 걸었을까. '에에에엥~' 유모차 속에서 공습경보가 울렸다. 드디어 아이가 잠에서 깨어나 지루하다는 신호를 보내기 시작한 것이었다.

정적을 즐기던 엄마 아빠는 다시 바빠졌다. 여느 때라면 간식을 먹어야 할 시간인 아이를 위해 미리 준비해 온 쌀과자를 줬다. '새로운 것'만 있으면 10여 분씩 집중을 하기 시작한 아이를 위한 즐길 거리들도 찾아야 했다. 이날 눈에 들어온 것은 당연히 진해를 휘감고 있는 벚꽃이었다. 화사한 벚꽃을 보자 아이도 기분이 좋은지 한참을 만지고 찢으며 놀았다. 쌀알을 붙여 놓은 듯한 조팝나무꽃도 좋은 놀잇감이었다. 비록 엄마 아빠가 즐기던 '쉼표'는 사라졌지만 아이의 반응을 지켜보는 것은 그에 못지않게 행복한 일이다.

공원을 나와 진해항을 향했다. 해군훈련소 인근 바닷길을 따라 수변 산책로와 문화시설이 조성돼 있었는데, 그 옆으로는 '진해루'라는 거대한 누각도 서 있었다.

진해루는 시원한 그늘에서 햇살을 즐기러 나온 진해 시민들로 시끌벅적했다. 누각 위에 올라 돗자리를 펴고 앉으니 진해항을 둘러싼 바다가 한눈에 내려다 보였다. 아이는 살랑살랑 부는 바닷바람이 좋은지 파랗게 펼쳐진 바다가 좋은지 품에 안겨 흥겹게 발을 굴렀다. 또 동요가 나오는 장난감을 들고는 돗자리 위에서 신나게 몸을 흔들었다. '너도 바다가 좋은가 보구나.' 괜히 흐뭇했다.

아기와 즐기는 다도해

진해 하면 떠오르는 키워드는 '벚꽃'이다. 혹은 해군사관학교와 군사 시설이 있는 딱딱한 도시쯤으로 생각할 수도 있다. 그런데 진해 해양공원을 찾아가는 길은 잘 알려지지 않은 진해의 매력을 발견할 수 있는 곳이었다. 공원으로 향하는 해안도로의 길마다 굴, 돌장어 등 남해의 싱싱한 해산물을 먹을 수 있는 작은 항구들이 숨어 있다.

진해 해양공원이 있는 음지도는 배를 탈 필요 없이 육지와 이어진 다리를 건너면 쉽게 다다를 수 있는 섬이었다. 해양공원 내부의 경사는 제법 가팔라 유모차를 미는 게 쉽지는 않았지만, 그래도 전부 계단이 아닌 비탈길로 되어 있었다. 덕분에 이동하는 동안 잠들어 버린 아이를 유모차에 눕힌 채 들었다 났다 힘을 쓰지 않아도 괜찮았다.

군함 전시관, 해전사 체험관, 해양생물 테마파크 등의 시설을 갖추고 있어서 내부의 시설만 관람해도 한나절의 시간을 보낼 수 있을 것 같았지만, 겨우 돌이 지난 아이에게는 크게 흥미로울 것 같지 않았다. 그래서 솔라타워에 올라 전경을 본 뒤 우도를 보는 일정을 택하기로 했다. 높이가 120m에 이르는 전망대에서는 진해만, 부산 신항만과 거제도와 부산을 잇는 거가대교, 가덕도 등 경남의 주요 지역들, 다도해의 크고 작은 섬들도 그림처럼 펼쳐졌다.

솔라타워 지하는 해안 데크로드와 바로 통해 있었다. 데크로드는 음지도를 한 바퀴 빙 도는 코스와 음지도에 바로 인접해 있는 우도로 건너가는 도보교 코스가 있었다. 해변을 도는 코스는 딱 보아도 계단이 많아 유모차로

초보 엄마 숨통 터지는 유모차 여행

시도하기 어려웠기에, 경사가 완만하고 계단이 전혀 없는 도보교로 방향을
잡았다.

　구불구불한 다리를 10여 분 건너 우도에 도착했다. 우도는 2013년에 진
해 해양공원이 생기고 도보교가 생겼는데, 최근엔 예쁜 벽화로 벽을 새 단

장하며 관광지로 탈바꿈 중이다. 하지만 아직 많이 알려지지 않은 덕분인지 작은 어촌의 분위기가 그대로 남아 있었다. 부두에는 조그마한 고깃배들이 정박해 있었고, 마을 입구에 있는 평상 근처에는 아낙들이 말리고 있는 수초와 해산물이 잔뜩 보였다. 이 한가로운 어촌의 풍경이라니. 왠지 보는 사람의 마음까지 평안해지는 따뜻한 모습이다.

저녁을 먹기 위해 방파제 근처 식당에 자리를 잡았다. 주인아주머니는 아저씨가 물고기를 잡아서 곧 오신다며 잠시 기다리라고 했다. 그때그때 고기가 있을 때만 영업을 한단다.

어느새 깨어난 아이와 놀기 시작한 지 30분 정도 흘렀을까. 우리 앞에는 낚시꾼들이 직접 잡은 자연산 회를 재료로 한 근사한 한 상이 놓였다. 아이는 밥상 위의 반찬들에 너무나 큰 관심을 보였다. 눈이 동그랗게 커져 식탁 위로 자그마한 손을 열심히 뻗었다. 작은 꽃게, 삶은 고동, 해초, 조개 등은 생전 처음 보는 재료였으니 신기할 만도 하다. 그중에서 양념이 돼 있지 않아 만져도 괜찮을 것들을 살짝 씻어다 아이 앞에 놓아 주고, 먹어도 괜찮은 것들은 밥과 함께 떠먹여 줬다. 가끔 아이가 아무렇게나 뻗어 잡은 음식이 입으로 들어가 긴장을 늦추지 못했지만, 새로운 사물을 보며 집중하는 모습을 보는 것은 역시 즐거웠다.

뉘엿뉘엿 넘어가는 해를 보며 우리는 다시 도보교를 넘어 음지도로 돌아왔다. 땅거미가 내려앉은 해안도로를 달려 돌아가는 길은 참으로 멋스러웠다.

즐거웠던 진해 나들이를 끝내고 서울로 돌아가는 날. 마산역에 도착해서 가장 먼저 간 곳은 역시나 유아휴게실이었다. 매표소와 승강장 사이에 눈에 아주 잘 띄는 곳에 있어 찾기 쉬웠다. 마치 영화나 공연을 보러 들어가기 전에 화장실을 들르듯이, 아이와의 기차 여행을 시작하기 전에 유아휴게실은 필수 코스. 아이의 기저귀를 갈고 이유식으로 배를 채운 뒤, 기차에 올라탔다.

내려올 때와 다른 점이라면 유아동반실이 아닌 일반 객실에 자리를 잡은 것이었다. 사실 주말에는 일반 객실에도 어린 아이들이 많아 평상시 분위기는 유아동반실과 별반 차이가 없었다. 하지만 아이가 '응가'를 하자, 위기 체감도는 크게 달랐다. 유아동반실과 달리 이곳에서는 객실 서너 칸을 이동해야 기저귀 교환칸에 다다를 수 있었다. 체력이 고갈된 엄마 대신에 아빠가 일어서자, 아이는 울먹거리기 시작했다. 그러더니 엄마와 떨어져 기저귀 교환칸으로 가는 내내 엄청나게 울었다. 아이는 엄마와 떨어진 시간을 가끔 너무나 불안해했다. 피곤하거나 컨디션이 좋지 않을 때는 더 그랬다. 좀 더 부지런하게 움직여서 유아 동반실을 예약했어야 했는데…… 아이에게 참으로 미안했다.

이번 여행의 모든 게 순탄한 것만은 아니었지만, 그래도 아이와 장거리 여행도 충분히 할 만하다는 자신감을 얻었다. 화장실 문제가 해결되지 않는 고속버스는 무리일지 모르나 적어도 기차 여행은 충분히 가능했다. 물론 철저히 개인 공간인 자동차에 비해 주위 사람들을 신경 써야 한다는 게 힘들었지만, 아기를 동반한 승객들을 위해 마련된 편의시설들이 부담감을 많이 덜어 줬다.

국내 여행이라면 이제 아이와 함께 가지 못할 곳은 없는 것 같다.

따라나서기

안민고개

창원에서 진해로 넘어오는 관문으로 5.6km에 이르는 벚꽃길이 유명한 고개. 안민고개를 오르면 진해 시가지가 한눈에 내려다 보인다. 생태교, 전망대 등의 관광 포인트가 있으며 데크로드가 있어 도보로 오를 수도 있다.

여좌천

진해 여좌동에 있는 지방하천이다. 내수면 환경생태공원부터 진해여고까지 여좌천을 따라 벚꽃 터널이 1.5km 이어져 벚꽃 명소로 유명하다.
하천 양쪽으로는 유모차로도 산책하기 편리하도록 나무데크가 설치돼 있다. 하천 군데군데에는 양쪽을 연결하는 다리가 놓여 있다. 그중 하나는 드라마 〈로망스〉를 촬영해 '로망스 다리'라고 불린다.

주차 여좌천로 공영주차장, 평지마을 공영주차장 등

내수면 환경생태공원

남부 내수면연구소 내 유수지를 활용해 만들어진 친환경 생태공원. 습지 환경이 잘 보전돼 있어 사진작가가 뽑은 국내의 아름다운 사진 명소로 선정되기도 했다. 자연해설가들이 배치돼 있어 전화 또는 현장 예약을 통해 숲 해설도 들을 수 있다.
유모차로도 편하게 탐방할 수 있는 유수지 주변 산책로가 조성돼 있으며, 느린 걸음으로 40여 분 정도 소요된다.

주차 여좌천로 공영주차장, 평지마을 공영주차장 등

경화역

진해구 경화동에 있는 작은 간이역. 철길을 밟으며 벚꽃 터널을 거닐 수 있는 봄의 명소다. 평소에는 여객 업무를 하고 있지 않지만, 군항제 기간에 한시적으로 열차를 운행하는 경우가 있다.

주차 경화역 공영주차장, 군항제 기간에는 도로 주차 일부 허용

진해 해변공원

진해만의 풍경을 한눈에 볼 수 있도록 해안에 조성된 공원. 공원 중앙에는 높이 15.2m의 진해루가 있으며, 이곳에서 시민들을 위한 다양한 문화행사가 열린다.

주차 해변공원 옆 차도를 따라 주차

진해 해양공원

진해 음지도에 있는 해양 공원으로 2008년에 준공됐다. 퇴역한 군함을 그대로 가져다놓은 군함 전시관, 해전사 체험관, 해양생물 테마 파크, 높이 120m의 전망대를 갖춘 창원 솔라타워 등의 시설이 있다. 해양공원의 산책로와 전망대에서는 다도해의 아름다운 전경을 한눈에 살펴볼 수 있다.
해양공원의 산책로는 인근 우도를 잇는 도보교와 연결돼 있다. 한적한 어촌이었던 우도는 최근 낚시꾼들의 발길이 잦아지면서 점차 관광지로 거듭나고 있다.

홈페이지 marinepark.cwsisul.or.kr
이용요금 해양생물 테마파크 및 어류 생태학습관 일반 어른 2천 원, 어린이 1천 원/창원시민 어른 2,500원, 어린이 500원
솔라타워 일반 어른 3,500원, 어린이 1,500원/창원시민 어른 2천 원, 어린이 1천 원
주차 공원 내(승용차 1일 최대 3천 원, 승합차 1일 최대 6천 원)
유아휴게실 해전사 체험관 내 위치
유모차대여 가능

유모차 여행을 위한
막강 팁

무엇을 가져갈까? _가방 꾸리기

(1) **시내 외출** 나갈 때마다 채워야 하는 기저귀 같은 것을 제외하고는 여분을 마련해 미
리 가방에 넣어 두면 나갈 때마다 매번 챙기지 않아도 돼 편리하다.

① **반드시 챙길 것** 기저귀 (아이의 대소변 시간대에 맞춰 넉넉하게), 아기 로션 및 자
외선 차단 크림, 기저귀 발진 크림, 가제티슈, 휴대용 물티슈, 분유식 또는 이유식
을 위한 용품, 간식(쌀튀밥, 과일 등), 보리차 등 마실 물(6개월 이상), 여분의 옷과
양말, 휴대용 유모차 또는 아기띠, 바람막이(혹은 워머, 속싸개)

② **필요에 따라 챙길 것** 모자(겨울에는 목도리, 장갑), 턱받이, 유모차 장난감이나 애착
인형, 공갈 젖꼭지 혹은 치아발육기, 구강청결티슈, 아기 신발

(2) **장거리 여행** 아기용품은 빠뜨린 게 있으면 여행지에서 구하는 데 애를 먹을 수도 있
으니 꼼꼼히 짐을 싸야 한다. 휴대용 가방과 캐리어 모두 제대로 꾸리자.

① **휴대용 가방에 챙길 것** 시내 외출시와 동일

② **캐리어에 챙길 것** 기저귀, 의류(내복, 수면조끼, 재킷, 양말 등), 상비약(해열제, 상처
용 연고 등) 및 일회용 투약병, 물티슈, 가제티슈, 유모차와 아기띠, 바운서(생후 6

초보 엄마 숨통 터지는 유모차 여행

개월 이전) 또는 부스터(생후 6개월 이후), 백팩 또는 휴대용 가방, 담요 또는 큰 수건, 아기용 샴푸 및 바디워시, 아기용 치약 및 칫솔, 바디로션 및 기저귀 발진크림, 자외선 차단제, 분유, 젖병 및 젖병소독제, 소형 유축기, 이유식(생후 4개월 이상), 간식(과자, 과일 등), 빨대컵, 이유식스푼

어떤 것을 살까?

(1) 반드시 있어야 할 것

① **유모차** 유모차는 크게 디럭스형과 휴대용, 두 제품의 특징을 아우르는 절충형으로 나뉜다.

디럭스형은 무게가 10kg 이상으로 충격완화 기능, 아기의 시야를 엄마쪽과 바깥쪽으로 조절할 수 있는 양대면 기능 등을 갖추고 있다. 주로 자동차로 이동을 하

세피앙 아이쿠 아크로뱃(디럭스)

고 계단이 없는 곳을 다닐 때 추천.

휴대용 유모차는 무게가 5kg 이하로 가볍기 때문에 엄마 혼자 대중교통을 타고 외출을 하거나 주말여행 시 짐의 무게를 줄이고 싶을 때 좋다. 하지만 충격 완화, 핸들링 등의 기능이 간소화돼 있어 아기가 조금 자란 후 사용해야 한다.

요즘에는 디럭스급이지만 휴대용의 장점을 결합해 출시한 제품도 나왔다. 휴대용보다는 무겁지만 쉽게 접히기 때문에 아빠와 함께라면 대중교통 여행에도 들고 갈 만하다. 또 휴대용 유모차에는 없는 안전장치와 승차감을 갖고 있어서 백일이 안된 아이들도 충분히 태울 수 있다.

② **카시트** 아기가 자라는 단계별로 바꾸거나 신생아부터 약 5세 미만 아이들이 사용할 수 있는 컨버터블형을 구입하면 된다. 단계별 구입 시에는 신생아 때 바구니형, 9개월~돌 때 의자형을 사용하며, 컨버터블형의 경우는 신생아 때 후면 장착으로 사용하다가 어느 정도 몸을 가누기 시작하면 전면 장착으로 전환한다.

세피앙 브라이텍스 메르디안2(컨버터블)

③ **영아용 목 베개** 아기는 목 근육이 약해 스스로 머리를 고정할 수 없기 때문에 오랜 시간 흔들리는 곳에 있으면 '흔들린 아이 증후군'을 겪을 수 있다. 심할 경우 뇌출혈 등 뇌손상이 올 수 있는 이 증상을 예방하기 위해서는 유모차나 카시트에 영아용 목 베개를 설치하는 것이 좋다. 사계절 사용이 가능하도록 앞면은 면소재, 뒷면은 메쉬 소재의 제품을 구입하자.

④ **아기띠** 아이의 월령과 무게에 따라 적절히 사용해야 하는데, 탄력 있는 천 소재로 만들어진 슬링, 양쪽 어깨끈과 허리끈을 이용해 아기를 안을 수 있게 돕는 일반 아기띠 그리고 엉덩이 받침대가 있는 힙시트 등으로 크게 나뉜다. 신생아부터 쓰는

초보 엄마 숨통 터지는 유모차 여행

슬링은 엄마와 아기의 몸이 밀착되는 것이 장점이지만 한쪽 어깨로 아이의 무게를 감당해야 하기 때문에 잠깐만 사용하기 좋다. 가장 많이 사용하는 일반 아기띠는 앞보기뿐만 아니라 마주보기도 가능한데, 신생아의 경우는 전용이 아니라면 별도의 패드를 구매해야 한다. 힙시트는 아기를 앉힐 수 있는 받침대 덕분에 무게가 분산되는데, 요즘은 캐리어를 부착한 제품도 인기가 있다.

⑤ **기저귀 가방** 아기 엄마의 필수품인 기저귀 가방은 몇 가지 필수 조건을 충족시켜야 한다. 첫째 가벼울 것, 둘째 쉽게 빨 수 있는 재질이어야 할 것, 셋째 수납공간이 구분돼 있을 것 등이다. 그 외에, 기저귀를 갈 때 까는 간이 교환대, 이유식이나 젖병을 안전하게 들고 다닐 수 있는 보냉팩이 내장된 제품을 고르는 것도 추천한다.

⑥ **아기용 자외선차단제** 아기의 피부는 연약하기 때문에 햇볕에 장기간 노출되지 않도록 주의해야 하며 외출 시에는 자외선차단제를 발라 줘야 한다.

스프레이 타입은 아기의 호흡기로 들어갈 수 있으므로 바르는 타입이 좋다. 쿠션 형태로 만들어진 제품도 있어 손에 묻히지 않고 간편하게 바를 수 있다.

베비언스 BOSCP: 보습 베이비 선 메탈쿠션

(2) 짐을 줄여 줄 마법의 아이템

① **액상 분유** 실온에 보관하다 바로 먹일 수 있는 액체 상태의 분유. 보온병, 젖병, 분유 등이 필요치 않아 아기에게 수유하는 데 필요한 짐을 획기적으로 줄여 준다. 멸균 처리가 되어 있어 끓인 물을 구하기 어려운 곳에서도 위생적으로 수유할 수 있다.

베비언스 액상 분유

② **멸균수** 아기와 여행할 때는 물도 고민이다. 여행지의 정수 기는 못 믿겠고, 물을 끓이기도 여의치 않다. 멸균 처리된 멸균수는 끓인 물처럼 안전하고 생수처럼 간편하다. 물 끓이기 용품이나 보온병이 필요 없어 짐도 줄어든다.

베비언스 베이비워터

③ **멸균 이유식** 실온에서 보관을 하다가 뚜껑을 따서 바로 먹일 수 있는 이유식. 보냉 가방에 보관하다가 전자레인지에 데워 먹이는 과정이 불필요하다. 유리병보다는 플라스틱 용기, 파우치 등에 담겨 있는 제품을 고르면 가방의 무게를 줄일 수 있다. 파우치에 담긴 이유식은 전용 숟가락을 끼울 수 있어 편하지만 해외구매를 해야 한다는 번거로움이 있다.

④ **가제손수건 티슈** 물티슈처럼 도톰한 소재로 되어 있지만 마른 상태의 티슈. 물에 적시면 물티슈로도 사용이 가능한 데다 가제수건을 대체할 수 있다. 매번 삶아 쓸 수 없는 가제수건보다 훨씬 위생적이다.

베비언스 가제손수건 티슈

⑤ **휴대용 부스터** 아기의자가 없을 때 아기를 일반 의자에 앉혀 고정할 수 있는 천 소재 부스터. 둘둘 말면 가방 안에 쏙 들어간다. 차를 놓고 유모차로 이동할 때 유용하다.

초보 엄마 숨통 터지는 유모차 여행

(1) 버스 서울시내 버스는 스마트폰 어플리케이션(이하 앱)이나 전화로 도착 시간대를 확인할 수 있다. 유모차를 이용한다면, 서울 시내버스 중에는 저상버스가 있으니, '서울버스 앱'을 통해 저상버스가 오는 시간을 미리 알아보아도 좋다. 집에서 가까운 정류장을 즐겨찾기로 선택하고 노선도에서 저상버스 여부를 확인하면 된다. 저상버스가 다니지 않는 노선이라면 아기띠로 이동할 것을 적극 추천한다. 일반 버스는 계단이 높기 때문에 아이와 유모차를 엄마가 함께 들고 타는 것은 무리다.

(2) 지하철 안정적인 운행이 가능하고 엘리베이터와 같은 편의시설도 잘 갖춰져 있어 아이와 움직일 때 편하다. 유모차를 이용한다면 엘리베이터 위치를 먼저 알아 두자.
역사 내 수유실을 이용할 수도 있는데, 보통 유아용 침대, 이유식이나 간식을 데울 수 있는 전자레인지, 세면대 등이 갖춰져 있다. 모든 역마다 갖추어진 것은 아니니 먼저 수유실 위치를 확인하자. 서울 지하철 1~4호선의 경우, '지하철 안전지킴이' 앱에 수유실 안내 기능이 있다.

(3) 택시 체력이 남아있을 때는 지하철이나 버스를 이용해도 좋지만 지친 귀갓길에는 택시를 탄다면 외출이 더욱 즐거워질 수 있다. 카카오택시나 콜택시 등으로 원하는 시간에 택시를 호출하여 이용하면 좋다.
반드시 아기띠로 아이를 안고 뒷좌석에 타야 하며, 유모차가 있다면 택시 기사에게 부탁해 짐칸에 넣어야 한다. 디럭스급 유모차는 LPG 가스통 때문에 트렁크에 들어가기 좀 어려운데, 의자와 프레임이 분리되거나 휴대성을 강화한 제품이라면 실을 수는 있다. 따라서 택시를 탈 계획이라면 휴대용 유모차를 들고 나서도록 하자.

(4) 기차

① **예약할 때** KTX의 경우 만 4세 미만 영·유아는 부모가 안고 탈 경우 운임을 받지
않는다. 그러나 아이의 좌석을 따로 마련해 주고 싶다면 별도 예약이 필요하다. 예
약할 때 '만 4~12세 어린이'를 체크해 좌석을 배정받은 뒤 운임 추가할인 항목에서
'동반 유아'를 선택하면 어른 요금의 25% 가격으로 예약 가능하다. (특실 제외)

② **역에서** KTX가 정차하는 주요역에는 유아방 및 수유실이 마련돼 있다. 역마다 시설
과 운영시간이 다르니 이용할 계획이라면 미리 문의하는 게 좋다.

③ **열차 내에서** 수유와 기저귀 교환 칸은 KTX의 8. 11. 16호차, KTX-산천의 4호차에
마련돼 있다. 하지만 좁고 어두워 편하게 수유를 할 수 있는 분위기는 아니다.

(5) 비행기

① **예약할 때** 24개월 미만 아기의 경우, 국내선은 무료이고 국제선은 성인의 10% 운
임을 받는다. 영·유아도 반드시 예약을 해야 하는데, 예약 후 전화로 항공사에 아
기를 동반한다고 밝히면 선착순으로 제일 앞줄의 넓은 좌석을 배정해 준다. 하지만
여행사를 통해 구매하면 사전 좌석 지정이 되지 않는 경우가 있어, 공항에 가서 요
청해야 한다. 국제선의 경우, 베시냇, 이유식 등을 제공해 준다. 항공사마다 조금씩
다르니 미리 확인하는 게 좋다.

② **공항에서** 국내선은 주민등록등본이나 의료보험증을 지참해 아기의 신분을 증명해
야 하며, 국제선은 아기라도 여권이 필요하다. 발급 절차는 성인과 같으나 사진 외
에도 법정대리인의 신분증 사본, 기본증명서, 가족관계증명서를 지참해야 한다.
공항에서는 항공사에 따라 서비스가 다르지만 보통 빠른 체크인, 비행기 우선 탑승
등의 배려를 해 준다. 유모차의 경우 탑승 직전에 항공사 직원이 따로 수화물로 부
쳐 주는 서비스를 이용할 수도 있으며, 작게 접히는 휴대용 유모차는 비행기 안까

초보 엄마 숨통 터지는 유모차 여행

지 가져갈 수 있다.

국내 공항에는 보안검색대 통과 전후로 유아방 및 수유실을 운영하고 있으며, 화장실에도 대부분 기저귀 교환대를 갖추고 있다.

③ 비행기 탈 때 국내선은 이유식, 분유, 끓인 물 등의 제한이 없이 휴대가 가능하다. 그러나 국제선은 구간에 따라 100㎖ 이하만 허용하는 등 차이가 있다.

비행기 내에 수유칸은 따로 없으니, 모유 수유 중이라면 수유가리개를 준비하는 게 좋다. 기내 화장실에는 기저귀 교환대가 마련되어 있다.

많은 아기들이 이착륙 시 기압차 탓에 귀가 아파 심하게 우는데, 물이나 분유를 조금 빨아 먹도록 하면 한결 편안해 한다.

(6) 렌터카 기차역, 공항에서 바로 연결되는 곳에 예약하는 게 편하다. 안전을 위해 아기 카시트도 함께 예약하는 것이 좋은데, 보유 대수가 한정돼 있어 일찍 예약을 해야 한다. 지역마다 카시트만 대여해 주는 별도의 회사도 있다.

어떤 걸 입힐까? _아이 옷차림

아기는 면역력이 약하기 때문에 외출 시 기본적으로 어른보다 따뜻하게 입히는 것이 좋다. 그리고 입고 벗기 편한 옷이 좋은데, 밖에서 기저귀를 갈거나 옷을 갈아입히는 것은 집에서보다 몇 배는 힘들기 때문이다. 위장이 발달하지 않아 자주 토하는 아이들은 교통수단으로 이동할 때 훨씬 더 많이 토하므로 여분의 옷을 꼭 준비하자.

① 봄, 가을 아기는 체온 조절 능력이 떨어지기 때문에, 기온 변화가 심한 봄, 가을에

는 얇은 옷을 여러 겹 입는 것이 좋다. 엄마보다 한 겹 더 입힌다 생각하고 준비할 것. 너무 많이 입혀도 땀이 나서 오히려 감기가 더 쉽게 걸린다. 반팔과 긴팔을 레이어드해서 입히는 식으로 상의를 준비하면 좋다. 카디건이나 얇은 바람막이는 입고 벗기가 수월해서 편하다. 흡습속건 기능이 뛰어난 아기용 반팔내의를 활용하는 것도 추천. 바지는 기온에 맞춰 두께를 고르면 된다.

② **여름** 에어컨 냉방이 센 곳에 가면 아이 컨디션이 급격히 나빠질 수 있다. 걷기 전 아기라면 유모차나 아기띠와 함께 쓸 수 있는 바람막이를, 걷는 아기라면 얇은 점퍼를 챙기자. 땀을 많이 흘리는 아기라면 여벌의 면 소재 옷을 준비한다.

③ **겨울** 추운 겨울에 아이와 바깥으로 나가기 위해서는 '중무장'이 필수다. 혹한기가 아니라면 겉옷 안에 얇은 긴팔을 입고, 그 위에 다시 카디건과 외투를 겹쳐 입히면 된다. 걷기 전 아기라면 패딩형 우주복도 쓸모 있는 아이템이다.

어떻게 할까?

(1) **외출 시기 결정** 아이의 컨디션을 확인하는 것은 외출 시 가장 먼저 해야 할 일이다. 아이는 비가 내리기 전 궂은 날씨가 이어져도 평소보다 잠이 많아지고 칭얼대기 일쑤다. 나가고 싶은 마음이 든다면 일기예보를 미리 확인하고 그날의 일교차와 습도, 미세먼지 현황을 확인한 후에 출발하자. 또한 아기가 주로 자는 시간이 정해져 있다면 이때를 이용해 나갈 준비를 하거나 이동하는 것도 좋은 방법이다.

(2) **여행 중 아이가 아프거나 다쳤을 때** 아기는 집에서 멀리 나오면 탈이 나는 일이 잦다. 제일 우려해야 할 상황은 열이 날 경우. 신생아는 어른보다 체온이 높지만 37.5도 이

초보 엄마 숨통 터지는 유모차 여행

상 열이 오른다면 즉시 병원 진료를 받아야 한다. 그보다 낮은 열이 지속된다면 유아용 해열제를 먹이고 물에 적신 거즈로 목이나 이마를 닦아 주어 열을 내려야 한다.

보건복지부에서 지정한 '달빛어린이병원'은 365일 밤 12시까지 소아과전문의 진료가 가능하다. www.e-gen.or.kr 에서 달빛어린이병원과 주변의 응급실 등 각종 응급의료 정보를 확인할 수 있다.

hauck
TWISTER

디테일에 편안함을 담다

0세부터 48개월까지
아이의 성장과 함께하는
호크 트위스터는
침대형 시트에서
하이체어 기능까지
디테일한 조절기능으로
아이를 편안하게
지켜줍니다.

2016 호크 트위스터

가장 진화된 최신 회전형 디럭스 유모차

360° 마주보기 주행   앞보기 주행 360°

세피앙 | **고객센터 1577-0204** / **하이베베 02)2023-0303** / **세피앙몰** www.safian.co.kr / www.hauckbaby.co.kr
전국 백화점 내 프리미에 쥬르, 유아용품 주요매장, 본사 직영 매장(하이베베/코지가든), 대형 온라인몰에서 구매할 수 있습니다.